내 생애 처음 공부하는

두근두근
천문학

내 생애 처음 공부하는

두근두근
천문학

이광식 지음

더숲

우리는 어디에서 와서
어디로 가는가

남태평양 타히티 섬에서 생을 마감한 인상파 화가 폴 고갱은 자살을 결심한 후 자신의 유언을 그림으로 남겼다. 그것이 유명한 〈우리는 어디에서 와서 어디로 가는가〉라는 그의 대표작이다. 그는 100여 년 전인 1897년 연말께 한 달 동안 밤낮으로 그려 이 그림을 완성했다.

당시 이 대작이 던진 '우리는 어디에서 왔는가?'라는 질문에 정확한 답변을 할 수 있는 사람은 지구상에 없었다. 하지만 지금 우리는 현대과학에 힘입어 그 정답을 알게 되었다.

천문학의 역사가 무려 5천 년에 이르지만, 우주가 어떻게 출발했는지, 우리가 어디에서 왔는지를 알아낸 것은 20세기 중반에 들어서였다. 그러니까 아직 100년도 채 안 된 셈이다. 그 이전에 인류는 이 우주를 채우고 있는 삼라만상이 대체 어디에서 왔는지 모른 채 살아왔던 것이다.

20세기에 들어 인류가 알아낸 이 우주적인 질문의 정답은, 지금으로부터 138억 년 전에 **원시의 알**이 대폭발을 일으킨 빅뱅에서 우주가 탄생했고, 그 빅뱅 공간을 가득 채웠던 태초의 물질은 **수소**였으며, 이 수소로부터 세상 만물이 비롯되었다는 것이다. 수소는 양성자 하나와 전자 하나로 이루어진 가장 단순한 원자다.

그래서 천문학자들은 『성경』에 나오는 "태초에 하나님이 '말씀 logos'으로 천지를 창조하셨다"는 성구의 그 '말씀'이 바로 수소였다고 주장하기도 한다. 수소가 중력으로 뭉쳐져 별을 만들고 은하를 만들어 오늘에 이르고 있는 것이다.

따라서 삼라만상은 이 수소라는 물질의 소동에 지나지 않으며, 우주의 역사 역시 수소라는 물질의 진화의 역사라 해도 틀린 말이 아니다. 물론 인간인 우리도 예외는 아니다.

우주를 아는 것은 곧 우리 자신을 아는 것이고, 우리 자신을 찾아가는 길이기도 하다. 그래서 독일의 천문학자이자 소설가인 울리히 뵐크는 "철학이 '나는 누구인가'를 묻는 학문이라면, 천문학은 '나는 어디에 있는가'를 묻는 학문이다"라고 말했다.

인류는 고대로부터 지구 밤하늘 아득한 곳에서 빛나는 별과 은하들을 관측하며 우주의 기원을 생각하고, 나름의 우주론을 만들면서 지금 여기에 이르렀다.

예나 지금이나, 밤하늘을 바라보며 한 번도 가보지 못한 우주를 꿈꾸는 것만큼 가슴 뛰는 일은 없다. 불행하게도 우리나라 청소년들은 행복지수는 OECD 국가 중에서 가장 낮고 자살률은 가장 높다. 이는 청소년들이 얼마나 행복한 삶을 살기 어려운지 보여준다. 이 책을 쓴 것은 청소년들이 '우주'의 시각으로 시야를 넓혀, 자신만의 꿈을 펼쳐나가는 데 조금이나마 힘이 되었으면 하는 바람에서였다. 보이지 않는 우주를 상상하듯이 무한한 가능성의 미래를 두근거리는 상상력으로 꿈꾸기를 바라는 마음. 그런 의미에서 이 책이 청소년들의 교양 천문학 입문서로서 우주를 사색하는 여행, 나와 우주와의 관계를 찾아 나서는 여행, 그리고 더 나아가 자유롭게 자신의 미래를 상상하는 데 길라잡이가 되어주었으면 한다.

그것을 위해 먼저 우주 탄생과 진화의 역사를 간략하게 소개하고, 현대 천문학의 얼개를 이루는 기본적인 지식들을 총체적으로 쉽게 설명하고자 한다. 전체의 얼개를 짜다 보니 전작에서 일부 내용을 가져와 축약함에 따라 다소 중복을 피할 수 없었음을 밝히며 이 점 독자들의 양해를 구한다. 보다 전문적인 지식을 구하고자 한다면 한 단계 더 높은 독서로 나아가기를 권한다.

이 책이 우주 속의 '나'를 만나러 가는 데 조금이라도 보탬이 된다면 크게 다행이겠다.

강화도 퇴모산에서 지은이 씀

▲ <우리는 어디에서 와서 어디로 가는가>
  프랑스의 후기인상주의 화가 폴 고갱의 작품.
  1897년. 보스턴미술관 소장.

차례

2장 | 별, 세상에서 가장 오묘한 물건

기나긴 별의 여정을 따라가다

오랜 수수께끼였던 별의 정체

3장 | 별들의 도시, 은하

4장 | 알수록 놀라운 태양계 이야기

우리가 몰랐던 달에 대한 10가지 진실

그 밖의 태양계 식구들

5장 | 우주도 끝이 있을까?

우주는 끝이 있다? 없다?

우주는 어떤 종말을 맞을까?

1장

세상에서 가장 짧고 재미있는
우주의 역사

인간이 우주를 이해할 수 있다는 것이
가장 불가사의한 일이다.

– 알버트 아인슈타인

우주는 어디서 왔을까

우주가 팽창하고 있다니!

17세기 독일의 수학자이자 철학자 **고트프리트 라이프니츠**(1646~1716)는 "세상에는 왜 아무것도 없지 않고 무엇인가가 있는가?"라는 원초적인 질문을 던졌다. 그리고 이런 말을 덧붙였다. "이 세상이 환상일 수도 있고, 모든 존재는 꿈에 불과할지도 모르지만, 내가 보기에 이들은 너무도 현실적이어서 우리가 환상에 현혹되지 않고 있다는 것을 입증하기에 충분하다."

현실적으로 이 견고한 **실재**는 모두 어디서 온 것인가 하는 것이 그의 물음이었다. 인류가 지구상에 나타나 5천 년 넘게 문명을 일구어왔지만, 그때까지 이에 대한 답은 누구도 알지 못하고 있었다. 그러나 우리는 지금 현대과학에 힘입어 그 정답을 알고 있다. 정답은 다음과 같다.

138억 년 전 원자보다 작은 **원시의 알**이 대폭발을 일으켜, 그때부터 시간과 공간, 물질의 역사가 시작되었다.

이른바 **빅뱅 우주론**이다. 빅뱅에서 출발한 우주는 현재 우리가 살고 있는 우주에 이르렀으며, 지금 이 순간에도 빛의 속도로 쉼없이 팽창하고 있다.

우주가 팽창하고 있다니! 얼핏 생각하기엔 황당하기도 하고, 믿기 힘들기도 하지만, 여기에는 무시하지 못할 많은 과학적인 증거들이 있다.

그 첫 번째 증거가 **은하들의 후퇴**다. 주위의 모든 은하들이 우리로부터 멀어져가고 있는 것이다. 먼 은하일수록 후퇴속도는 더 빠르다. 이는 곧 우주가 팽창하고 있다는 얘기다.

5천 년 과학사에서 최대 발견 중 하나로 꼽히는 **우주팽창**이 알려진 것은 **1929년**이었다. 미국의 천문학자인 **에드윈 허블**(1889~1953)은 먼 은하일수록 빨리 후퇴한다는 사실을 발견하고 우주가 팽창하고 있다고 선언했다. 즉, 현재의 우주 상태는 모든 은하들이 모든 은하들에 대해 서로 멀어지고 있는 중이다.

우주는 팽창하고 있다! 그렇다면 그 출발점이 있다는 말 아닌가? 필름을 거꾸로 돌리듯이 팽창을 거슬러 올라가면 그 출발점에 가닿을 수 있지 않을까? 다시 말해, 우주팽창을 역으로 따라가다 보면 모든 물질이 한곳에 모여 있는 시작점에 이르게 될 것이다. 바로 우주의 모든 질량이 무한 밀도로 압축되어 있는 점으로, 이것을 **특이점**이라 한다.

빅뱅의 두 번째 강력한 증거는 **우주배경복사**cosmic background radiation다. 허블이 우주팽창을 발견하고 30여 년이 지난 1964년, 미국의 벨연구소에서 우주의 극초단파를 연구하던 천체물리학자 **아노 펜지어스와 로버트 윌슨**은 우주에서 일정한 소음이 난다는 사실을 발견했다. 이 소음은 어떤 한 영역에서 오는 것이 아니라, 우주의 모든 방향에서 균일하게 오는 것이었다. 그들이 최초로 발견한 이 **마이크로파** 잡음은 바로 빅뱅의 잔향으로, 우주배경복사라 불린다.

이 배경복사의 발견으로 빅뱅에 회의적이었던 과학자들도 더 이상 딴지를 걸지 않게 되었다. 이로써 인류는 비로소 만물이 태초의 한 원시원자가 폭발한 빅뱅에서 출발했다는 답을 갖게 되었다.

이처럼 만물의 기원을 최초로 과학적으로 설명한 **빅뱅 이론**은 20세기 가장 위대한 과학적 성취로 꼽힌다. 만물의 근원에 대해 늘 궁금해했던 라이프니츠가 이 소식을 들었다면 아주 기뻐했을 게 틀림없다.

내 생애 처음 공부하는 두근두근 천문학

지금까지 천문학자들이 우주에 대해 뽑아놓은 계산서는 대략 다음과 같다.

- 우주는 138억 년 전 원자보다 작은 한 점에서 폭발했으며, 그로부터 시간과 물질의 역사가 시작되었다.
- 우주는 이 순간에도 빠른 속도로 팽창하고 있으며, 그 팽창속도는 점점 더 빨라지고 있다.
- 현재 우주의 크기는 약 **940억 광년**에 이르는데, 이는 초창기에 빛보다 빠른 팽창, 곧 **인플레이션**을 겪었기 때문이다.
- 우주에 존재하는 은하 중 관측이 가능한 것은 약 2천억 개이며, 각 은하마다 평균 2천억 개의 별이 있다. 따라서 우주에 존재하는 별의 개수는 지구상에 존재하는 모래알 개수보다 많다.
- **우리은하**의 크기는 약 10만 광년이며, 약 **4천억 개**의 별을 갖고 있다.

우주의 탄생과 종말에 관한 이야기

오늘날 우리는 이 우주가 138억 년 전 조그만 원시의 알이 대폭발을 일으킨 빅뱅에서 탄생했으며, 지금 이 순간에도 별과 은하들을 만들면서 끊임없이 팽창하고 있다는 사실을 알고 있다.

이 같은 빅뱅 우주론이 지금은 표준 모델의 자리를 차지하기에 이

©NASA

▲ 허블 익스트림 딥 필드. 허블 우주망원경이 잡은 130억 광년 거리의 은하들이다. 우주는 거리가 곧 시간인 만큼 이는 130억 년 전의 우주 모습을 뜻한다. 여기에는 5,500개의 초창기 은하들의 모습이 담겨 있다.

내 생애 처음 공부하는 두근두근 천문학

르렀지만, 우주론의 역사를 보면 인류의 출현과 함께 다양한 우주론들이 나타났다. 그 출발은 각 민족이 가진 **창조신화**였다.

이처럼 오랜 역사를 갖고 있는 **우주론**이란 무엇을 말하는 것일까? 한마디로 정의한다면 '우주의 탄생과 진화, 그 종말에 관한 이야기'라 할 수 있다.

우주라는 말의 어원을 살펴보면, 중국 전한시대의 철학서 『회남자淮南子』에 기록된 다음 구절에서 유래한다. "예부터 오늘에 이르는 것을 **주**宙라 하고, 사방과 위아래를 **우**宇라 한다(往古來今謂之宙, 天地四方上下謂之宇)". 곧, 시공간을 아우른 명칭이라 할 수 있다. 서양인이 말하는 우주에는 시간의 개념이 포함되어 있지 않은 것을 보면, 동양의 선인들은 참으로 탁월했다.

영어로 우주를 가리키는 **유니버스**universe는 온누리를 뜻하는 라틴어 **우니베르숨**universum에서 왔으며, 그리스어인 **코스모스**cosmos는 질서를 갖는 체계로서의 우주를 뜻하는 말로, 피타고라스가 가장 먼저 사용했다고 한다.

모든 인류는 친척이자 가족

우주론의 시작을 말하기 전에 인류의 시작을 먼저 살펴보는 게 올바른 순서일 것이다. 여기에서는 약 200만 년 전부터 시작하는 현생

인류 이전의 호모 하빌리스, 호모 에렉투스와 같은 화석인류나 유인원의 이야기를 훌쩍 뛰어넘어서 우리 직계인 현생인류 **호모 사피엔스**의 기원부터 살펴보기로 하자.

인류학이 지금까지 밝혀낸 것을 간략히 간추리면, 약 20만 년 전에 현생인류가 지구상에 출현한 것으로 귀결된다. 20만 년이라면 46억 년 지구 역사에서 0.005%에 지나지 않는 기간이다. 우리 인류는 오랜 지구의 역사에서 볼 때 극히 최근에 무대 위에 오른 **신참**이라는 사실을 알 수 있다. 『허클베리핀의 모험』을 쓴 미국 작가 **마크 트웨인**은 "세상의 나이를 에펠탑으로 나타내면 인류의 몫은 그 꼭대기에 덮인 페인트칠의 두께에 해당한다"라고 말했다.

인류 기원설에는 인류가 아프리카에서 유럽, 아시아로 확산하여 지역에 따라 분화했다는 **다지역 기원설**과 **아프리카 단일 기원설**이 있다.

아프리카 단일 기원설은 현생인류의 직계조상이 약 20만 년 전 아프리카에서 갑자기 출현했으며, 그때부터 5만 년 전까지 그 전에 이미 정착해 살고 있던 **네안데르탈인** 등 모든 다른 원시인류들을 몰아내고 주도권을 잡았다는 이론이다.

한동안 서로 맞서왔던 다지역 기원설과 단일 기원설은 20세기 들어 발달한 유전공학에 힘입어 승부가 판가름 났다. 유전학자들은 DNA 연구를 통해 인류의 기원이 아프리카인이라는 주장, 즉 아프리카 단일 기원설에 손을 들어주었던 것이다.

우리 몸의 유전자 속에는 많은 이야기가 숨겨져 있다. 다양한 인종의 유전자 조사를 하면, 그들이 가진 DNA의 이력서도 만들 수 있다. 우리 모두는 각자의 몸속에 수백, 수천 년을 넘어 대대로 내려온 유전자 기록을 모두 갖고 있다. 유전자를 조사해보면 선조들의 과거까지 알 수 있다.

이 연구에서 과학자들은 사람의 **미토콘드리아 DNA**가 모계를 통해서만 전해진다는 사실로부터 출발하여, 현 인류의 가계도를 거슬러 올라가 보니 현대인의 근원지는 아프리카 대륙이었으며, 어느 한 여성이 인류의 공통 조상이라는 사실을 밝혀냈던 것이다. 과학자들은 이 여성에게 **아프리카 이브**라는 애칭을 붙여주었다.

유전자 조사를 통해 인류 가계도를 추적한 결과, 사람의 외모가 얼마나 다르든지 간에 지구상의 인류는 모두 아프리카에 살았던 호모 사피엔스 집단의 후손이라는 사실도 밝혀졌다.

20만 년 전에 아프리카에서 나타나 아프리카 대륙 곳곳에 흩어져 살았던 인류의 조상은 혹독한 기후변화 때문에 약 7만 년 전 살 길을 찾아 아프리카를 탈출해 지구 곳곳으로 뿔뿔이 흩어져갔고, 북극 아래 동토대와 남북 아메리카에 이르는 **7만 년의 대장정** 끝에 결국은 오늘의 전 인류를 만들어냈다.

과학자들은 아프리카를 탈출한 호모 사피엔스 집단의 머릿수까지 알아냈다. 과학자들의 연구에 따르면 약 700명 정도의 집단이라고 한다. 이들은 **소빙하기**를 맞아 좁아진 **홍해**를 건너고, **아라비아 반도**를 거쳐 유럽 대륙으로, 그리고 아시아 대륙 남부와 북부로 뿔뿔이 흩어져갔다. 그들이 아라비아 반도에 한동안 정착했던 곳 중에는 **에 덴**이라는 지명도 발견되었다.

많은 원시인류의 종들은 멸종의 길을 걸었지만, 7만 년 전쯤 아프리카를 떠났던 이 호모 사피엔스는 혹독한 자연과 맹수들의 도전을 물리치고 결국 살아남았다. 뿐만 아니라 이 작은 무리는 오랜 기간에 걸쳐 지구의 다섯 대륙에 성공적으로 이주하여, 지금 21세기의 문명과 70억 인구를 이루게 되었다.

이처럼 과학은 지구상에 살고 있는 우리 70억 인류 모두는 한 어머니로부터 이어져내려온 후손이라는 사실을 밝혀냈다. 말하자면 우리는 아주 옛날에 흩어졌다가 다시 만난 친척이요 한 가족인 것이다. 이는 단순한 수사가 아니라 '사실'이다. '70억 이산가족의 대상봉'이 바로 현재의 지구촌 공동체인 셈이다.

인류는 현재 지구를 석권하고 지구 자체의 안전까지도 위협하는 존재가 되었지만, 불과 1만 년 전만 하더라도 맹수의 공격과 굶주림, 오랜 우기와 추위 등 생존을 위협하는 것들로부터 살아남기 위해 갖은 고난을 겪어야 했던 지구 행성의 약자였다. 사냥과 식물채취를 통해 먹을 것을 얻지 못하면 고스란히 굶주릴 수밖에 없는 존재였다.

때로는 밤에도 사냥에 나서야 했는데, 그럴 때는 가장 밝은 보름달을 기다려야 했다. 그리고 하늘에서 해가 지나는 길을 보고 언제 우기가 닥칠지 예측해야 했다. 우기가 오기 전에 식량을 갈무리해둬야 했기 때문이다. 만약 예측에 실패하면 원시 고대인들은 바로 생존의

▲ 1911년 발행된 출판물에 실린 세계의 인류를 보여주는 그림. 유전자 연구를 통해 모두 한 부모에게서 태어난 후손들임이 밝혀졌다.

벼랑 끝으로 내몰리게 되었다.

생존을 위해 태양의 길을 가늠하고 별과 달의 순환을 헤아리던 것에서 천문학이 출발했다. "천문학은 맑은 밤하늘에서 시작되었다"는 말은 그런 의미일 것이다.

밤하늘을 보며 고대인들은 무슨 생각을 했을까?

인류가 본격적인 문명의 길로 나아가게 된 것은 기원전 1만 년경, 수렵채취 생활에서 벗어나 한곳에 정착해 농경문화를 일구어나가기 시작했을 무렵이었다.

천문학의 시작도 그 무렵이었을 것이다. 일정한 곳에 정착하는 생활은 해와 달, 별들의 운행을 더욱 잘 관찰할 수 있는 환경을 제공했다. 계절마다 해뜸과 해짐의 장소가 다르다는 사실을 그때 알았고, 낮과 밤의 변화, 계절이 바뀌는 패턴도 더욱 잘 읽어낼 수 있게 되었을 것이다.

인간은 원래 태생적으로 **패턴**을 찾는 동물이다. 이러한 습성은 원시 수렵시대부터 몸에 배게 되었다. 풀숲이 움직이면 그 안에는 짐승이 웅크리고 있을 거라고 판단했으며, 서늘한 바람이 일기 시작하면 곧 겨울이 닥쳐올 것이라고 믿었다. 이처럼 패턴을 읽는 것은 생존과 직결된 문제였다.

그러나 패턴에 대한 지나친 믿음은 때로는 비합리성을 낳고 그릇된 종교적 신념으로 발전하기도 했다. 인간에게는 가까운 인과관계는 이성적으로 따지려 하지만, 아주 먼 인과관계는 불확실성을 싫어한 나머지 맹목적으로 믿어버리는 경향이 있기 때문이다. 말하자면 볼 수도, 만질 수도 없고, 원인을 잘 알 수도 없는 대상에 대해서는 곧잘 비합리적인 판단을 한다는 얘기다. 그것은 생존을 위해 어쩔 수 없이 치러야 하는 대가라고 할 수 있다.

이러한 성향이 각 민족마다 가지고 있는 **창조신화**에 그대로 투영되었다. 고대인들 역시 이 하늘과 땅의 모든 것들이 어디에서 비롯되었는가 하는 데 깊은 관심을 갖고 있었다.

그들 중 사색하기를 좋아하고 상상력이 풍부한 어떤 이들이 한밤중 동굴 앞에 나와 앉아 밤하늘의 달과 별의 운행을 지켜보면서 나름 상상의 날개를 펼쳐나갔을 것이다. 이것이 바로 **우주론**의 시작이었다.

고대인들이 둥근 하늘이 땅을 뒤덮고 편평한 땅이 펼쳐진 것을 보고는 자신들이 사는 땅덩어리가 무엇인가에 얹혀 있다고 생각한 것은 자연스러운 귀결이었다. 약 5천 년 전 고대 인도인들이 바로 그렇게 생각했다. 그들은 몸을 둥그렇게 감은 큰 뱀 **아난타** 위에 거대한 거북이 타고 있으며, 그 거북 위에는 다시 네 마리의 코끼리가 반구 모양의 지구를 떠받치고 있다고 생각했다.

고대의 가장 오래된 창조신화는 **수메르인**들이 남긴 것이었다. 그들은 눈에 보이지 않는 신들이 존재하며, 이 신들이 지상의 모든 일에 영향을 끼친다고 생각했다. 그리고 편평한 땅덩어리 위에는 신들이 거주하는 하늘이라는 둥근 천장이 덮여 있고, 이 천장과 땅 사이에는 태양과 달, 별들이 가득 차 있으며, 이 모든 것이 신들의 지배를 받는다고 믿었다. 이것이 인류의 가장 오랜 **둥근 천장 우주관**이다.

이처럼 각 민족의 창조신화에는 초월적인 존재, 곧 **신**이 예외 없이 등장하는데, 그것은 패턴 읽기가 몸에 밴 고대인들이 불가사의한 모든 것의 원인을 신에게로 귀착시켰기 때문이다.

고대 중국에는 **개천설**蓋天說과 **혼천설**渾天說이 함께 있었다. 개천설은 '하늘은 삿갓 모양이고, 땅은 엎어놓은 사발 모양'이라는 이론이었다. 혼천설은 하늘의 모습이 둥글고 끝없이 일주운동을 하여 **혼천**이라 한다고 설명하며, '달걀껍질이 노른자를 둘러싸고 있듯이 우주도 하늘이 땅을 둘러싼 모습으로 되어 있으며, 물에 떠 있다'고 생각

ⓒ카미유 플라마리옹, 〈The Atmosphere: Popular Meteorology〉

▲ 고대에서 현대로. 이 그림에는 고대의 우주론에서 현대의 우주론으로의 발전이 상징적으로 표현되어 있다.

내 생애 처음 공부하는 두근두근 천문학

한 우주관이다. 우리나라 고대의 우주론은 일찍이 중국의 영향을 받아 혼천설이 주류를 이루었다.

이처럼 창조신화는 모든 민족의 문명 초기에 놀라운 상상력을 바탕으로 만들어졌으며, 당시 사회에서는 절대적 진리로 받아들여졌다. 만약 이 이야기에 다른 의견을 갖고 의문을 제기한다는 것은 극히 위험한 일이었을 것이다. 어느 시대건 사회적 이단자에게는 너그럽지 않다는 게 역사적인 사실이다.

어떤 것이든 각 민족의 창조신화들은 인류 최초의 우주론이 되었다. 그리고 이러한 원초적인 우주론을 바탕으로 오랜 여정을 거친 끝에 오늘의 현대적인 우주론이 나타나기에 이른 것이다.

세기의 대논쟁-우주는 얼마나 큰가?

20세기 초만 하더라도 사람들은 우리은하가 우주의 전부라고 생각했다. 그러나 1920년대 후반 우리은하 뒤로도 무수한 은하들이 늘어서 있다는 사실이 밝혀지면서 별안간 우리은하는 우주 속의 한 조약돌 신세로 전락하고 말았다.

이 발견 하나로 일약 천문학계의 영웅으로 떠오른 사람은 미국의 천문학자 **에드윈 허블**이었다. 앞에서 거론했듯이 그는 얼마 뒤 다시 우주가 팽창하고 있다는 놀라운 발견을 하여 온 인류를 경악케 했다.

인류가 오랫동안 써왔던 우주라는 말의 진정한 의미는 20세기에 들어와서야 비로소 밝혀지게 된 셈이었다.

허블의 발견이 있기 전에도 사람들은 밤하늘을 가로지르는 **미리내**(은하수)의 정체를 알고 있었다. 이미 400여 년 전에 **갈릴레오**가 자신이 만든 망원경으로 하늘을 들여다보고는, 어마어마한 별무리들이 뭉쳐 있는 은하수를 인류에게 고한 바 있었던 것이다.

그로부터 100년 뒤 18세기 독일 철학자 **임마누엘 칸트**(1724~1804)는 은하수에 대한 놀라운 추론을 내놓았다. 회전하는 거대한 **성운**이 수축하면서 원반 모양이 되고, 원반에서 별들이 탄생했으며, 은하수가 길게 한 줄로 보이는 것은 우리가 원반 위에서 보고 있기 때문이라는 것이었다. 오늘날 들어보아도 입이 떡 벌어지는 해석이었다.

칸트는 여기서 그치지 않고, 우리은하 바깥으로도 무수한 은하들이 섬처럼 흩어져 있으며, 우리은하는 그 수많은 은하 중의 하나일 뿐이라는 **섬우주론**을 내놓았다.

이 섬우주론이 끈질기게 살아남아 200년 뒤 미국에서 다시 도마 위에 올랐다. 제1차 세계대전의 연기가 채 가시기도 전인 1920년, 우주를 사색하는 한 무리의 사람들이 한 장소에 모여 우주론 **대논쟁**을 벌인 것이다.

장소는 워싱턴의 NAS(미국과학 아카데미), 주제는 **우주의 크기**였다. 그 크기를 결정하는 시금석은 **안드로메다 성운**이었는데, 그 '성운'이 우리은하 안에 있는가, 바깥에 있는가 하는 것이 문제였다. 이는 곧,

우주 속에서 우리 인류가 차지하고 있는 위치에 관한 문제이기도 했다. 어느 천문학자가 말했듯이 '천문학은 우주 속에 있는 인류의 위치를 찾아내라'는 소명을 갖고 태어난 학문이기 때문이다.

논쟁은 두 논적을 축으로 하여 불꽃 튀게 진행되었는데, 하버드 대학의 **할로 섀플리**(1885~1972)와 릭 천문대의 **히버 커티스**(1872~1942)로, 둘 다 우주론에 대해서는 내로라하는 일급 천문학자였다.

두 사람의 이력서를 잠시 살펴보면, 먼저 섀플리는 1919년 최초로 우리은하계의 구조와 크기를 밝히고, 태양계가 은하계 속에서 자리하는 위치를 찾아냄으로써 태양계가 은하 중심에 있을 거라는 종전의 생각을 뒤집었다. 그리고 안드로메다 성운은 우리은하 안에 있는 것이 틀림없다고 선언했다. 태양계가 우리은하의 중심에 있지 않다는 섀플리의 우리은하 모형은 큰 파문을 일으켰고 우주관에 큰 변혁을 가져왔다. 인류는 은하 중심에 있지 않다는 것, 이는 지구 중심설을 몰아낸 **코페르니쿠스**의 충격에 버금가는 것이라 할 수 있다.

가난한 농가 출신인 섀플리는 특이한 이력을 지닌 사람인데, 그가 천문학을 공부하게 된 것도 꽤나 터무니없는 이유 때문이었다. 언론학을 전공하려고 대학에 갔는데, 그 학과 개설이 1년 지연되는 바람에 다른 과를 찾기 위해 안내책자를 뒤적였다. 처음에 'archaeology(고고학)'가 나왔지만 그는 이 단어를 읽을 수가 없었다. 그 다음에 나오는 단어가 'astronomy(천문학)'였는데 그건 읽을 수 있었다. 이게 섀플리가 천문학을 공부하게 된 이유의 전부다.

◀ 할로 섀플리. 은하계 속에서 우리 태양계가 자리하는 정확한 위치를 찾아냄으로써 태양계가 은하 중심에 있을 거라는 종전의 생각을 뒤집었다.

그는 나중에 하버드 대학교 천문대장이 되어 관측을 하지 않는 낮에는 천문대 밖에 나와 앉아 개미를 관찰하는 일에 열중하여 개미에 관한 논문을 쓰기도 한 괴짜였다.

이러한 섀플리의 반대편에 선 커티스는 **허셜-캅테인 모형**을 받아들여 칸트의 섬우주론을 지지하는 쪽이었다. 허셜-캅테인 모형이란 우리은하 구조를 최초로 연구한 허셜의 이론과 캅테인의 이론에서 나온 우리은하 모형이다. 이것에 따르면 우리은하의 모양은 지름 4만 광년의 타원체이며, 태양은 그 중심에 가까운 곳에 위치한다.

이 모형을 받아들인 커티스는 안드로메다 성운까지의 거리를 50만 광년이라고 주장했다. 이는 섀플리 모형에서 주장하는 우리은하 크기를 훌쩍 넘어서는 거리였다. 즉, 커티스는 안드로메다 성운은 우리은하 안에 있는 성운이 아니라, 우리은하 밖의 **외부은하**임이 틀림없다고 결론 내린 것이다.

대논쟁은 승부가 나지 않았다. 판정을 내려줄 만한 잣대가 없었던

내 생애 처음 공부하는 두근두근 천문학

것이다. 해결의 핵심은 별까지의 거리를 결정하는 문제로, 이는 예나 지금이나 천문학에서 가장 골머리를 앓던 난제였다.

그러나 판정은 엉뚱한 곳에서 내려졌다. 3년 뒤, 혜성처럼 나타난 신출내기 천문학자 에드윈 허블이 안드로메다 성운은 우리은하 밖

▼ 최초로 발견된 외부은하인 안드로메다 은하. 우리은하가 곧 우주인 줄 알았는데, 우주에는 이런 은하가 2천억 개가 더 있음이 밝혀졌다.

©wikimedia, Adam Evans

에 있는 또 다른 은하임을 밝혀냈던 것이다. 이로써 칸트의 섬우주론은 200년 만에 다시 화려하게 등장하게 되었다. 논쟁의 진정한 승자는 칸트였던 셈이다.

천문학 역사상 가장 중요한 '한 문장'

대논쟁의 승부를 결정했던 허블은 원래부터 성운에 깊은 관심을 갖고 있었다. 라틴어로 안개를 뜻하는 **성운**nebula은 20세기 초만 해도 안개에 가려진 천체였다. **윌슨산 천문대**에 들어가자마자 그는 먼 우주에서 희미하게 빛나는 성운들을 향해서 망원경의 주경을 겨누고는, 사진을 찍고 스펙트럼을 만들기 시작했다. 그것은 때로는 열흘 밤을 꼬박 지새워야 하는 고된 작업이었다.

1923년 10월 어느 날 밤, 마침내 허블은 생애 최고의 사진을 찍었다. 그는 2.5m 반사망원경을 이용해 **안드로메다 대성운**으로 알려진 M31과, 그것과 가장 가까이 있는 **삼각형자리 나선은하** M33의 사진을 찍었다. 며칠 후 안드로메다 성운 사진 건판을 분석하던 허블은 갑자기 "유레카!"* 하고 크게 외쳤다. 성운 안에 찍혀 있는 **세페이드형 변광성**을 발견한 것이다.

----

*   그리스어로 '알았다'라는 뜻이다.

세페이드형 변광성은 **변광주기**가 길수록 밝아서 주기-광도 관계로 표시할 수 있는 **맥동 변광성***으로, 그 변광주기를 통해 절대광도를 알 수 있어 변광성이 위치한 은하나 성단까지의 거리를 재는 데 **표준 촛불** 역할을 해주는 별이다.

허블의 발견 전에 이 놀라운 우주의 잣대를 먼저 발견하고 천문학에 큰 공을 세운 주역은 귀가 잘 들리지 않았던 한 청각장애인 여성 천문학자였다. 그러나 청력과 그녀의 지능은 아무런 관련이 없었다.

페루의 하버드 천문대 부속 관측소에서 찍은 사진자료를 분석하여 변광성을 찾는 작업을 하던 **헨리에타 리비트**(1868~1921)는 **소마젤란 은하**에서 100개가 넘는 세페이드 변광성을 발견했다. 이 별들은 **적색 거성**으로 발전하고 있는 늙은 별로서, 주기적으로 광도의 변화를 보이는 특성을 가지고 있다.

이 별들이 지구에서 볼 때 거의 같은 거리에 있다는 점에 주목한 리비트는 변광성들을 정리하던 중 놀라운 사실 하나를 발견했다. 한 쌍의 변광성에서 별이 밝을수록 주기가 길어진다는 것, 즉 변광성의 주기와 겉보기 등급 사이에 상관관계가 있다는 점을 감지한 것이다.

그녀는 이 사실을 "변광성 중 밝은 별이 더 긴 주기를 가진다는 사실에 주목할 필요가 있다"고 짤막하게 기록해두었다. 이 한 문장은 훗날 천문학 역사상 가장 중요한 문장으로 꼽히게 되었다.

----

*   별이 심장처럼 수축과 팽창을 반복하여 밝기가 주기적으로 변하는 것을 '맥박의 움직임'에 비유하여 붙인 이름.

◀ 헨리에타 리비트. 청각장애를 딛고, 먼 은하까지의 거리를 측정할 수 있는 표준촛불을 발견함으로써 빅뱅의 첫 단추를 끼웠다.

리비트는 수백 개에 이르는 세페이드 변광성의 광도를 측정했고, 여기서 독특한 주기-광도 관계를 발견했다. 3일 주기를 갖는 세페이드의 광도는 태양의 800배이고, 30일 주기를 갖는 세페이드의 광도는 태양의 1만 배다.

1908년, 리비트는 세페이드 변광성의 '주기-광도 관계' 연구 결과를 〈하버드 대학교 천문대 천문학연감〉에 발표했다. 지구에서부터 **마젤란 성운** 속 각각의 세페이드 변광성들까지의 거리가 모두 대략적으로 같다고 본 리비트는 변광성의 고유 밝기는 그 겉보기 밝기와 마젤란 성운까지의 거리에서 유도될 수 있으며, 변광성들의 주기는 실제 빛의 방출과 명백한 관계가 있다는 결론을 이끌어냈다.

리비트가 발견한 이러한 관계가 보편적으로 성립한다면, 같은 주기를 가진 다른 영역의 세페이드 변광성에 대해서도 적용할 수 있으며, 이로써 그 변광성의 **절대등급**을 알 수 있게 된다. 이는 곧 그 별까지의 거리를 알 수 있게 된다는 뜻이다.

이것은 우주의 크기를 잴 수 있는 잣대를 확보한 것으로, 한 과학 저술가가 말했듯이 천문학을 송두리째 바꿔버릴 대발견이었다.

리비트가 발견한 세페이드 변광성의 주기-광도 관계는 천문학사상 최초의 **표준촛불**이 되었으며, 이로써 인류는 연주시차*가 닿지 못하는 심우주 은하들까지의 거리를 알 수 있게 되었다. 또한 천문학자들은 표준촛불이라는 우주의 자를 갖게 됨으로써, 이전에 별까지의 거리를 알기 위해 연주시차를 재던 각도기는 더 이상 필요치 않게 되었다.

1912년 리비트가 발견한 표준촛불을 잘 알고 있던 허블은 안드로메다 변광성의 주기를 측정해본 결과 31.4일이라는 것을 알아냈다. 여기에다 리비트의 자를 들이대어 지구까지의 거리를 계산해보니 놀랍게도 93만 광년이란 답이 나왔다. 우리은하 크기보다 무려 10배나 멀리 떨어져 있는 게 아닌가!

단순히 나선 모양의 성운으로 알고 있던 안드로메다는 사실 우리은하를 까마득히 넘어선 곳에 있는 독립된 **나선은하**였다. 칸트의 섬우주론이 200년 만에 완벽히 증명된 셈이었다. 이로써 **대논쟁**의 승부는 결정되었고, 인류 역사상 가장 먼 거리를 측정했던 허블은 광활한 우주공간의 문을 활짝 열어젖힌 인물이 되었다.

이 하나의 발견으로 허블은 일약 천문학계의 영웅으로 떠올랐지

---

* 어떤 천체를 바라보았을 때 지구의 공전에 따라 생기는 시차를 뜻하며, 지구 공전의 결정적 증거다. 이 시차를 이용해 그 천체까지의 거리를 잴 수 있다.

만, 나중에 알고 보니 허블의 계산값은 참값과 큰 차이가 나는 것이었다. 현재 알려진 안드로메다 은하까지의 거리는 그가 계산한 93만 광년의 두 배가 넘는 **250만 광년**이다.

허블에게서 안드로메다 성운까지의 거리를 결정한 편지를 받았을 때 섀플리는 "이것은 내 우주를 파괴한 편지다"라고 주위 사람들에게 말했다. 그러고는 이렇게 덧붙였다. "나는 판 마넌의 관측 결과를 믿었지. 어쨌든 그는 내 친구니까." 섀플리는 당시 윌슨산 천문대에 있던 동료이자 친구인 판 마넌의 관측값에 근거해 논문을 썼던 것이다.

20세기 천문학의 최고 영웅

이처럼 우주팽창의 발견, 허블 우주망원경, 허블 법칙 등으로 너무나 잘 알려진 미국의 천문학자 **에드윈 허블**은 어떤 인물이었을까?

허블은 소년 시절부터 할아버지의 망원경으로 별보기를 좋아해 할아버지가 좋아하던 천문학자 **퍼시벌 로웰**(1855~1916)*의 화성 이야기를 들으며 우주에 대한 꿈을 키워왔다. 아버지의 권유로 시카고 법대

----

*   미국의 천문학자. 로웰 천문대를 설립하고 화성에 '운하'가 있다고 주장했다. 천왕성의 불규칙한 운동의 원인이 해왕성 외의 다른 행성 때문임을 예견했는데, 그 뒤 그의 예견대로 명왕성이 발견되었다. 한때는 외교관으로 활동하며 한국을 비롯한 극동을 방문하여 『고요한 아침의 나라 조선(Choson, the Land of the Morning Calm)』이라는 책을 쓰기도 했다.

에 진학해 법률가의 길을 걸었으나, 별에 대한 동경을 잊을 수 없었던 그는 뒤늦게 다시 시카고 대학 천문학과에 입학했고, 박사학위를 딴 뒤엔 **윌슨산 천문대**에 들어갔다. 이곳은 세상과는 뚝 떨어진, 그야말로 수도원 같은 곳이었다. 여기에 들어가는 천문학자들은 입산수도하는 사람이나 크게 다를 바 없었다.

우주의 크기를 두고 불꽃 튀었던 대논쟁의 승부를 가름한 허블은 은하를 추적하는 **후커 망원경**의 작동을 멈추지 않았다. 허블과 그의 **조수 밀턴 휴메이슨**(1891~1972)은 은하들의 거리에 관한 데이터들을 모으느라 춥고 긴 밤을 지새우기 일쑤였다.

휴메이슨은 원래 본업은 도박이고 부업은 천문대 물품을 운송하는 노새몰이꾼 출신으로, 천문대에서 인부로 일하다가 일약 연구원으로 뛰어오른 전설적인 인물이다. 약간 건달기가 있는 데다 만능 스포츠맨이었던 허블과는 신기할 만큼 죽이 잘 맞았다.

차가운 쇳덩어리와 함께 긴 밤을 지새우면서도 커피 한 잔 마실 수 없는 관측 환경이었지만, 스포츠와 도박으로 다져진 강건한 체력을 밑천 삼아 두 사람은 6년 동안 꼬박 망원경에 매달려 사진을 찍고 데이터를 모았다.

과학자들은 은하들이 제자리에 고정되어 있지 않다는 사실을 알고 있었다. 1912년, 로웰 천문대의 **베스토 슬라이퍼**(1875~1969)는 은하 스펙트럼에서 **적색이동**(적색편이)을 발견하고, 은하들이 엄청난 속도로 지구로부터 멀어지고 있다는 사실을 처음으로 알아냈다.

적색이동은 여러 원인에 의해 일어나는데, 가장 대표적인 것은 **도플러 효과**에 의한 것이다. 1842년 오스트리아의 물리학자 **크리스티안 도플러**(1803~1853)가 발견한 도플러 효과는 파동을 발생시키는 **파원**과 그 파동을 관측하는 **관측자** 중 하나 이상이 운동하고 있을 때 발생하는 것으로, 파원과 관측자 사이의 거리가 좁아질 때에는 파동의 주파수가 더 높게, 거리가 멀어질 때에는 파동의 주파수가 더 낮게 관측되는 현상이다.

이런 현상은 소방차가 관측자에게 다가올 때 소리가 높아지다가 멀어져가면 급속히 소리가 낮아지는 예를 통해 알 수 있다. 이것은 파원이 관측자에게 다가올 때 파장의 진폭이 압축되어 짧아지다가, 반대로 멀어질 때는 파장이 늘어남으로써 나타나는 현상이다.

도플러 효과는 모든 파동에 적용되는 원리다. 천체가 내는 빛도 마찬가지다. 빛도 파동의 일종인 만큼 도플러 효과를 탐지할 수 있다. 도플러 효과를 이용한 장비가 실생활에서도 여러 방면에 쓰이고 있는데, 어느 날 느닷없이 날아온 속도위반 딱지도 바로 도플러 원리를 장착한 스피드건이 찍어서 보낸 것이다.

이 적색이동이 천문학에 거대한 변혁을 몰고왔는데, 그것의 시작은 미국의 천문학자 베스토 슬라이퍼에 의해서였다. 그는 1912년 당시 **나선성운**이라고 불리던 은하들이 상당히 큰 적색이동 값을 보인다는 것을 발견했다. 슬라이퍼는 이 논문에서 온 하늘에 고루 분포하는 나선은하들의 속도를 측정했는데, 그중 3개를 제외하고는 모든 은하가 우리은하로부터 초속 수백, 수천km의 속도로 멀어지고 있는 것을 발견했다.

그 뒤를 이어 1924년 초 허블은 슬라이퍼가 관측한 은하들의 적색이동(속도)과 자신이 휴메이슨과 함께 측정한 은하들까지의 거리가 비례한다는 사실을 발견했다. 이러한 발견들은 우주가 정적이지 않고 팽창하고 있다는 가설을 관측으로 뒷받침하는 것으로, **우주팽창**과 **빅뱅 이론**의 가장 중요한 근거로 받아들여지고 있다.

허블은 24개의 은하를 집요하게 추적해서 얻은 자신의 관측자료를 정리하여 거리와 속도를 반비례시킨 표에다 은하들을 집어넣었

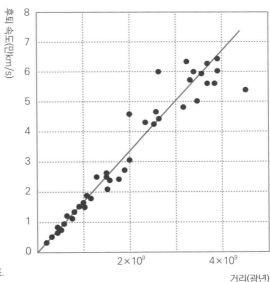

▶ 허블의 법칙을 보여주는 도표.
  먼 은하일수록 후퇴속도가 빠르다.

다. 그 결과 놀라운 사실이 하나 드러났다. 멀리 있는 은하일수록 더 빠른 속도로 멀어져가고 있다는 사실이었다.

은하는 후퇴하고 있다. 먼 은하일수록 후퇴속도는 더 빠르다. 그리고 은하의 이동속도를 거리로 나눈 값은 항상 일정하다. 이것이 **허블 법칙**이다(사실 허블-휴메이슨 법칙이라 불러야 공평하다). 훗날 은하의 후퇴속도와 거리 사이의 관계를 나타내는 이 비례 상수는 **허블 상수***로 불리며, 'H'로 표시된다. 허블 상수는 우주의 팽창속도를 알려주는 지표로서, 이것만 정확히 알아낸다면 우주의 크기와 나이를 구할 수 있다. 허블 상수는 현재(2014년 측정 기준) 68km/s/Mpc**이다. 허블 상수의 역수 값이 곧 우주의 나이가 된다.

허블의 법칙을 나타내는 식은 다음과 같다.

$V = Hr$ (V : 적색이동으로 측정한 은하의 후퇴속도. H : 허블 상수. r : 은하까지의 거리)

허블과 휴메이슨의 발견은 우주가 팽창하고 있음을 명백히 보여주는 것이었다. 또한 여러 세기 동안 과학자들을 괴롭혀왔던 **올베르스**

----

* 현재 허블 상수 값은 플랑크 탐사선의 우주배경복사 관측 방법으로 측정되었지만, 18개 은하에 있는 대표적 초신성의 밝기를 비교분석해 은하들의 후퇴속도를 찾는 허블 망원경의 측정법에 따르면 74.3km/s/Mpc(2016년 측정 기준)가 나온다. 이처럼 측정값이 서로 다른 것은 우주론 자체가 아직 완성되지 않은 불확실한 영역이기 때문이다.
** 메가파섹, 즉 100만 파섹(pc)을 말함. 파섹은 천체의 거리 단위로 1파섹은 3.26광년에 해당한다.

내 생애 처음 공부하는 두근두근 천문학

의 역설*도 이로써 우주팽창이라는 정답을 얻게 되었다. 그러나 당시에는 이것이 우주의 기원과 연관되어 있으며, 모든 것의 근본을 건드리는 심오한 문제라고 보는 사람은 아무도 없었다.

묘하게도 죽이 잘 맞았던 이 콤비가 인류를 우주 기원의 순간으로 데려갈 이론적 토대를 닦았던 것이다. 이는 20세기 천문학사에서 가장 중요한 발견으로 받아들여졌다.

1929년, 이 사실이 발표되었을 때 사람들에게 엄청난 충격을 던져주었다. 이 우주가 지금 이 순간에도 무서운 속도로 팽창하고 있으며, 우리가 발붙이고 사는 이 세상에 고정되어 있는 것이라곤 하나도 없다는 이 현기증 나는 사실에 사람들은 황망해했다.

허블은 죽을 때까지 열성적으로 은하를 관측했다. 1953년 허블은 **팔로마산** 천문대의 지름 5m짜리 거대 망원경 앞에서 며칠 밤을 새워 관측하며 연구하던 중 갑자기 심장마비로 숨졌다. 대천문학자다운 열반이었다. 향년 64세였다.

코페르니쿠스 이후 천문학의 발전에 최대의 공헌을 한 허블의 업적은 노벨상을 뛰어넘는 것이었지만, 허블은 상을 받지 못했다. 노벨 물리학상이 천문학을 배제했기 때문이다. 그러나 뒤늦게 규정이 바

---

* 독일의 천문학자인 하인리히 올베르스(1758~ 1840)가 제기한 것으로, 우주가 무한하다면 우리의 시선이 어느 별에든 닿을 것이므로 밤하늘이 밝아야 하는데, 실제로는 어두우니 이는 역설이라는 것이다. 이는 어두운 밤하늘이 무한하고 정적인 우주관에 모순됨을 보여준다. 이 역설은 우주가 팽창한다는 빅뱅 이론을 지지하는 증거 중 하나로, '어두운 밤하늘 역설'이라고도 한다.

뀌어 허블에게도 상을 주기로 결정했지만, 이번엔 상을 받을 사람이 없었다. 허블이 죽은 지 3개월 뒤였던 것이다. 노벨상은 고인이 된 사람에게는 주지 않는 것이 규정이기 때문에, 상을 받으려면 업적 못지않게 수명도 중요한 변수라는 것을 새삼 일깨워주었다.

　허블에게 노벨 물리학상을 수여하기로 한 노벨상위원회의 결정이 알려지게 된 것은 순전히 **엔리코 페르미**와 **수브라마니안 찬드라세카르** 덕분이었다. 위원직을 맡았던 두 사람은 비밀에 부쳐진 노벨상위원회의 결정을 허블 사후 그 부인인 그레이스에게 알려주었던 것이다. 인류에게 우주의 진면목을 보여준 허블의 공적이 결코 무시돼서는 안 된다는 것이 그들의 신념이었다.

　1990년 우주공간으로 쏘아올려진 우주망원경에 허블의 업적을 기리는 뜻에서 그의 이름이 붙여졌다. 지금도 지구 중심 궤도를 95분마다 한 바퀴씩 돌며 먼 우주를 담아 보내고 있는 허블 우주망원경은 지난 4월 24일로 관측 25주년을 맞았으며, 2018년 **제임스 웹 우주망원경**이 발사될 때까지 계속 운용될 전망이다.

사람들이 우주에 대해 가장 궁금해하는 것은 무엇일까? 우주 전문 사이트 **스페이스닷컴**은 그 궁금증들 중 다음의 질문들이 톱 5로 꼽힌다고 발표했다.

1. 우리 태양계 근처에서 **초신성**이 폭발하면 우리는 어떻게 될까?
2. 정말 **외계인**이 존재하며, 지구를 침략할 가능성이 있을까?
3. 우리가 실험실에서 만드는 **블랙홀**은 위험할까?
4. **웜홀**을 통한 우주여행은 가능할까?
5. 인류가 우주에 대해 완벽하게 알게 되는 날이 과연 올까?

이에 대해 알기 쉽고 명쾌한 해답지를 한번 작성해보도록 하자.

1. 초신성 폭발은 우리에게 위험한가?

초신성 폭발은 그 거리가 얼마인가에 따라 인류에게 치명적인 사건이 될 수도 있다. 질량이 태양보다 10배 이상 무거운 별들이 항성진화의 마

내 생애 처음 공부하는 두근두근 천문학

지막 단계에서 대폭발로 생애를 마감하는 방식이 바로 초신성 폭발이다.

이 별의 폭발은 태양 밝기의 수십억 배나 되는 광휘로 우주공간을 밝혀, 우리은하 부근이라면 대낮에도 맨눈으로 볼 수 있을 정도다. 때로는 전 은하가 내는 빛보다 더 강력한 빛을 발하는 초신성 폭발은 우주에서 가장 극적인 드라마라 할 수 있다.

초신성 폭발은 한 은하당 100년에 한 번 꼴로 일어나는데, 우리은하에서 가장 최근에 일어난 초신성 폭발은 약 400년 전 케플러가 본 초신성 폭발이었다. 그래서 그 초신성은 케플러의 초신성이라 불린다.

그후 400년 동안 조용했던 우리은하에 초신성 폭발 후보가 하나 떠올랐다. 과학자들에 따르면, **오리온자리**의 적색 초거성인 **베텔게우스**가 조만간에 수명이 다해 초신성으로 폭발할 것으로 예상된다. 천문학에서 조만간이라 하면 오늘 내일일 수도 있고 수만 년일 수도 있지만, 어쨌든 태양의 **900배**에 달하는 이 베텔게우스가 폭발하면 지구에는 최소한 1~2주간 밤이 없는 상태가 계속될 거라 한다. 하지만 베텔게우스는 지구로부터 **640광년**이나 떨어져 있어 지구에 미치는 영향은 미미할 것으로 보인다. 그러나 이런 초신성이 태양계 가까이에서 터진다면 인류와 지구의 운명은 누구도 예측할 수가 없게 될 것이다.

베텔게우스만큼의 거리가 아니라, 상당히 가까운 우주공간에서 초신성 폭발이 일어난다면, 폭발 시에 방출되는 **X선**과 **감마선**이 인체에 아주 나쁜 영향을 미칠 수도 있다. 감마선은 특히 사람의 유전인자를 파괴할 수 있는 고에너지 전자기파다.

어쨌든 초신성이 폭발한 부근의 우주공간은 은하적인 **체르노빌** 지역
이 되어 고에너지 방사선으로 가득 차게 된다. 그러니까 여러분은 절대
로 초신성 부근에서 어슬렁거리지 말기 바란다.

▲ 조만간 초신성으로 폭발할 오리온자리의 베텔게우스. 허셜 근적외선
　망원경으로 찍었다.

2. 외계인들이 정말 지구를 침략할까?

외계인 문제를 얘기하기에 앞서 우선 '거리'라는 걸 생각해보자. 일반
사람들은 별들 사이의 거리가 얼마나 먼지 감이 잘 안 잡힐 것이다.

내 생애 처음 공부하는 두근두근 천문학

피아노 크기의 **뉴호라이즌스**가 10년 동안 날아간 끝에 2015년 7월 **명왕성**에 도착했다. 뉴호라이즌스가 발사될 때의 탈출속도는 초속 16.26km로, 지금까지 인간이 만들어낸 물체 중 가장 빠르게 지구를 벗어났다. 그리고 가는 길에 목성의 중력으로부터 도움을 받아서 속도를 초속 23km까지 끌어올렸다. 이로 인해 명왕성으로 가는 시간이 약 3년 단축되었다.

초속 23km는 보통 총알 속도의 23배란 뜻이다. 지구에서 가장 가까운 별이 **프록시마 센타우리**인데, 4.2광년 거리에 있다. 초속 23km의 속도로 날아가더라도 무려 5만 5천 년이 걸린다. 이것이 바로 별과 별 사이의 '거리'다.

만약 외계인이 있어 이 성간 거리를 마음대로 이동할 수 있다고 치자. 그렇다면 그들은 우리가 상상할 수 없는 자원과 에너지를 가지고 있다는 얘긴데, 그런 외계인이 지구 같은 데에 눈을 돌릴 이유가 있을까? 지구의 물질은 다 어디서 온 것인가? 모두 우주에서 온 것이다. 따라서 외계인이 지구를 침략한다는 것은 별로 수지가 맞는 일이 아닐 것이다.

그러니 외계인 얘기는 별로 영양가가 없다. 그만 접어두고 다른 주제, 예컨대 환경 보호, 아프리카 어린이와 난민 돕기 같은 것에 신경쓰는 게 더 낫지 않을까?

3. 우리가 만든 블랙홀은 위험할까?

"입자 가속기 안에서 빛의 속도로 돌던 양성자가 반대방향에서 달려오는 다른 양성자와 충돌, 우주의 빅뱅 순간을 재현한다. 지금까지 누구도 본 적이 없는 이상한 입자들이 쏟아져 나오면서 **미니 블랙홀**이 생성된다. 이 블랙홀은 갑자기 주변 물질을 마구 삼키기 시작하더니 삽시에 연구소 전체와 스위스, 유럽 대륙을 차례로 먹어치우고 결국 지구까지 집어삼킨다."

유럽입자물리연구소(CERN)가 80억 달러를 들여 스위스 제네바와 프랑스 국경지대 땅속에 완공한 **거대 강입자 가속기**(LHC, Large Hardron Collider)의 가동을 앞두고 일부 물리학자들이 우려한 시나리오다.

이들은 LHC가 가동되면 '가속기 내에서 양성자가 충돌할 때 아주 작은 인공 블랙홀이 만들어져 지구를 삼키지 않을까' 하고 노심초사했지만, 결국 그런 일은 일어나지 않았다. 그러나 미국 하와이에선 지구 안전성을 위협한다는 이유로 가동 중단 연방소송이 제기되기도 했다.

LHC는 매초마다 수많은 미니 블랙홀을 만든다. 1년에 1천만 개 정도다. 1천만 개에 이르는 수많은 블랙홀의 대부분은 바로 사라진다.

과학계에서는 '인공 블랙홀 생성-지구 멸망' 시나리오에 대해 '완전한 허구'라고 일축하고 다음과 같은 설명을 내놓았다. "양성자끼리의 충돌에 의해 미니 블랙홀이 만들어지더라도 이 블랙홀은 나노(1나노초는 10억분의 1초)의 나노의 나노초만큼 존재한다. 어떤 영향도 미치지 않는다."

지구나 태양계를 집어삼킬 만한 거대한 블랙홀이 만들어지는 데는 수십억 년, 심지어 수백억 년이 걸린다. 인류가 문명을 일구어온 지가 고작 1만 년인데, 수십억 년 단위의 걱정을 한다는 것은 마치 하루살이가 겨울나기 걱정을 하는 것과 다를 바가 없지 않을까?

4. 웜홀을 통한 우주여행이 가능할까?

물론 할 수 있다. 그런데 문제는 그 **웜홀**이 있어야 한다는 것이다. 이 대목에서 우리는 헷갈린다.

웜홀이란 알다시피 아인슈타인의 일반 상대성이론에서 나왔다. 중력이 극도로 강해지면 시공간이 휘다 못해 구멍이 뚫린다는 하나의 가설이다. 즉, 시공간에 좁은 통로가 생길 수 있다는 뜻이다. **벌레구멍**이라는 의미의 이름도 벌레가 과일의 표면을 기어 반대쪽에 도달하는 것보다 구멍을 파고 직행하면 더 빨리 반대편에 닿는다는 뜻에서 붙인 것이다.

성간 여행이나 은하간 여행을 할 때, 이 웜홀을 통해 훨씬 짧은 시간 안에 우주의 한쪽에서 다른 쪽으로 도달할 수 있다고 웜홀 이론의 주창자 **킵 손**은 주장한다. 이는 영화 〈인터스텔라〉에도 소개되었다. 하지만 문제는 블랙홀의 엄청난 **기조력*** 때문에 진입하는 모든 물체가 스파게티처럼 늘어나는데, 과연 웜홀을 무사히 빠져나올 수 있을까 하는 점이다.

웜홀 여행이라면 사양하고 싶다고 한 **스티븐 호킹**의 말만 보더라도, 웜홀 여행이란 그저 이론을 좋아하는 물리학자들의 머릿속에서 나온 가설로, 수학적으로만 가능한 얘기일 것이라는 강한 의혹을 받고 있다. 세

----

* 부피를 가진 여러 물체가 중력에 의해 상호작용을 할 때, 위치에 따른 중력의 상대적 차이에서 발생하는 부수적인 힘이다. 밀물, 썰물 현상을 일으키는 조석의 원인이 된다.

상에는 상상과 가설로만 존재하는 것들이 더러 있다. 신의 존재나, **다중 우주** 같은 것도 증명되지 않은 가설일 뿐이다. 웜홀도 그중 하나다.

결론적으로 '웜홀 여행은 가능한가'라는 물음에 대한 답은 이렇다. "가능하다. 단, 그런 웜홀이 존재하고, 우리가 무사히 빠져나갈 수만 있다면."

5. 인류가 우주를 완벽히 아는 날이 올까?

이것은 참으로 유서 깊은 질문이다. 많은 과학자나 철학자가 이런 질문을 스스로에게, 또는 다른 사람에게 던져보았을 것이다. 예컨대 다음과 같은 질문이다.

"언젠가 과학의 모든 문제들이 해결되고, 우리가 우주의 모든 것에 대해 완벽하게 알게 되어 더 이상 풀 문제가 없는 날이 올까? 아니면 우리가 모든 것을 알게 되는 그런 상황은 결코 영원히 오지 않을까?"

이에 대해 지금까지 제시된 답안 중에서 가장 설득력 있는 답안을 작성한 이는 미국의 공상과학 소설가 **아이작 아시모프**가 아닐까 싶다. 그는 친구 과학자의 물음에 이렇게 답했다.

"우주는 본질적으로 매우 복잡한 프랙털적 성질을 지니고 있으며, 과학자들이 연구하는 대상도 이러한 성질을 공유하고 있다는 것이 내 신념이다. 따라서 우주의 어떤 일부분이 이해되지 않은 채 남아 있고, 과학자들이 탐구해가는 과정에 어떤 일부가 밝혀지지 않은 채 남아 있다면, 그것이 이해되고 해결된 부분에 비해 아무리 작은 부분이라 하더라도,

내 생애 처음 공부하는 두근두근 천문학

그 속에는 원래의 것과 다름없는 모든 복잡성이 들어 있다고 본다. 따라서 우리는 결코 그 끝에 도달할 수 없을 것이다. 우리가 아무리 멀리 나아가더라도 우리 앞에 남아 있는 길은 여전히 처음과 마찬가지로 먼 길일 것이다. 이것이 우주의 신비다."

여기서 **프랙털**이란 차원 분열 도형을 일컫는 말로, 작은 구조가 전체 구조와 닮은 형태로 끝없이 되풀이되는 구조를 말한다. 자연에서 쉽게 찾을 수 있는 예로는 고사리와 같은 양치류 식물, 구름과 산, 리아스식 해안, 나뭇가지, 은하의 모습 등이 있다.

아시모프의 우주관은 우주 자체가 형이상학적인 프랙털이라는 것이다. 그 속성은 무한반복이다. 하나를 알게 되면 열 개의 수수께끼가 튀어나오는 구조인 것이다. 이처럼 우주는 우리 인간에겐 결코 풀리지 않는 신비다. 하긴 풀리는 것이라면 신비도 아니겠지만.

빅뱅 우주론의 등장

우주론, 신화와 상상에서 과학의 영역으로

빅뱅 우주론이 지금은 대세가 되어 주류를 차지하고 있지만, 그전에는 다른 우주론과 치열한 경쟁을 벌여야 했다.

20세기 초까지만 하더라도 인류는 우주가 변함없이 영원히 계속될 거라고 믿고 있었다. 이같이 우주는 늘 같은 상태를 유지하며 변화하지 않는다는 이론을 학문적으로 처음 정립한 사람은 1948년 **프레드 호일, 헤르만 본디** 등으로, 이들이 주장한 우주론을 **정상 우주론**

이라 한다.

빅뱅 우주론과 정상 우주론은 20세기 중반까지 천문학계를 양분해온 우주론으로 팽팽한 대결 상태를 유지했다.

팽창하는 대우주의 의미를 담고 있는 **빅뱅 우주론**은 현재 팽창 일로에 있는 우주는 사실 먼 과거 어느 한 시점에 실제로 있었던 대폭발의 결과물이라고 주장하는 이론이다.

빅뱅 우주론의 씨앗은 일찍이 아인슈타인의 **일반 상대성이론**에 나오는 중력 방정식 속에 숨어 있었다. 일반 상대성이론을 말하기에 앞서 이보다 10여 년 전인 1905년에 발표된 아인슈타인의 특수 상대성이론을 간략하게 살펴보기로 하자.

특수 상대성이론은 광속도 불변의 원리와 갈릴레오의 상대성이론을 기초로 하고 있다. 빛의 속도는 어떠한 경우에도 초속 30만km로 일정하며, 공간과 시간은 절대적인 것이 아니라 상대적인 것으로 각각 관찰자에 따라 정의될 뿐이라는 것이다. 곧, 특수 상대성이론은 모든 관성계에서 같은 물리법칙이 성립하고(상대성 원리), 빛의 속도가 일정하기(광속 불변의 원칙) 위해서는 서로 다른 운동 상태에 있는 관측자가 측정한 물리량이 달라야 한다는 이론이다. 쉬운 예로, 광속으로 달리는 기차의 바닥에서 천장을 향해 수직으로 랜턴 불빛을 비춘다고 치자. 기차에서는 불빛이 수직으로 달리지만, 기차 밖에서 볼 때는 빛이 달린 거리는 기차 천장과 바닥 길이를 높이로 하는 이등변 삼각형의 빗변이 된다. 즉, 더 먼 거리를 달린 셈이다. 광속은 불변이므로 기차 속의 시간이 느리게 간다고 볼 수밖에 없다. 이처럼 기차 안팎의 시간 기준계가 다른 것을 알 수 있다. 이것이 특수 상대성이론에 따른 시간 지연이다. 이 같은 시간 지연과 공간 수축은 시간과 공간이 별개의 존재가 아니라 하나로 연결된 '시공간'이기 때문에 일어나는 것이다. 따라서 달리는 기차를 측정하면 길이는 짧아지고 질량이 늘어나며 시간은 느리게 간다.

또한 특수 상대성이론은 질량과 에너지는 존재의 두 가지 형식으로, 양자는 동등하며 서로 변환할 수 있음을 보여주었다. 물질은 얼어붙은 에너지다. 물체의 속도가 빨라지면 질량이 증가한다. 물체에 가해진 에너지의 일부는 속도를 높이는 데 사용되지만, 일부는 질량을 증가시키는 데 사용된다. 따라서 아무리 에너지를 높여 속도를 가속시키더라도 광속에는 이를 수 없다. 광속에 가까울수록 질량이 무한대로 늘어나기 때문이다. 질량과 에너지의 등가 관계를 나타내는 것이 다음과 같은 그 유명한 방정식이다.

$E=mc^2$ (E는 에너지, m은 질량, c 는 진공 속에서 빛의 속도)

이 관계식에 따라 질량이 엄청난 에너지로 바뀌는 것을 인류는 원자폭탄으로 경험했다. 그 후 1916년에 발표된 아인슈타인의 일반 상대성이론은 한마디로 중력에 관한 이론이다. 일찍이 뉴턴은 중력에 관한 **역제곱의 법칙***으로 행성의 공전운동을 완벽하게 설명했다. 그러나 중력이 어떻게 그 먼 거리에 작용하는가에 대해서는 아무런 설명도 하지 않았다. 뉴턴은 "나는 가설을 만들지 않는다"라는 말로 넘어갔을 뿐이다. 말하자면 제품의 사용설명서는 완벽한데, 제품의 작동방식은 전혀 언급하지 않은 셈이다. 그래서 일부에서는 뉴턴의 중력에 대해 '원격으로 작용하는 유령의 힘'이라고 비꼬기도 했다.

참고로, 두 물체 m_1, m_2 간의 거리가 r일 때, 두 물체 사이에 작용하는 중력의 세기 F는 다음과 같은 뉴턴의 중력 방정식으로 기술된다. G는 중력상수다.

$$F = G\frac{m_1 m_2}{r^2}$$

그러나 아인슈타인의 일반 상대성이론은 중력의 정체를 시공의 휘어짐이라고 정의한다. 그 근거는 **중력**과 **관성력**은 서로 같은 것이라는 **등가원리**다. 아인슈타인은 사고실험으로 자유낙하하는 엘리베이터 안에 있는 사람은 중력을 느끼지 못할 것이라고 생각했다. 말하자면 엘리베이터 안은 무중력 상태가 된다는 뜻이다. 자유낙하하는 엘리베이터는 가속도 운동을 하고 있기 때문에 관성력은 위로 나타나며, 이것이 중력과 서로 지워져 중력이 사라지는 것이다. 여기서 아

---

* 어떤 힘의 크기는 거리의 제곱에 반비례한다는 법칙. $F=km/r^2$. 중력장에 적용할 경우, F는 힘의 크기, r은 거리, m은 질량, k는 만유인력상수가 된다.

인슈타인은 본질적으로 중력과 관성력은 같은 것이라는 결론에 이르렀다. 이것이 바로 일반 상대성이론의 핵심을 이루는 등가원리다.

이 등가원리가 가져온 결과는 매우 크다. 단순히 중력과 관성력이 같다는 것 이상의 의미를 지니기 때문이다. 가속도를 중력으로 바꾸어버림에 따라 가속계를 만들어내는 효과가 곧 중력효과가 되는 셈이다. 가속하고 있는 로켓의 창으로 날아든 빛은 휘어져 로켓의 맞은편 벽에 도달할 것이다. 여기서 빛이 중력장에서 휘어간다는 결론이 나오게 된다.

아인슈타인은 빛의 경로가 직선이 아니고 휘어진다면 곧 공간이 휘어져 있기 때문이라고 보았다. 빛의 경로는 공간의 성질을 드러내준다. 그래서 아인슈타인은 "오직 빛만이 우주공간의 본질을 밝혀주는 지표"라고 말했다.

일반 상대성이론에서 아인슈타인이 말하고자 하는 바는, 중력이란 두 물체 사이에 일어나는 원격작용의 힘이 아니라, 휘어진 시공간의 곡률 때문에 생겨나는 현상이라는 것이다. 이를 두고 미국의 물리학자 **존 휠러**(1911~2008)는 "물질은 공간의 곡률을 결정하고, 공간은 물질의 운동을 결정한다"라는 말로 표현했다.

빛이 큰 중력장을 지날 때 경로가 구부러진다면, 그것을 가장 잘 관측할 수 있는 곳은 태양이다. 우리 주위에서 가장 큰 질량체이기 때문이다. 개기일식 때 태양 주위를 스쳐오는 먼 별빛을 관측하고, 태양이 없을 때 오는 별빛의 위치와 비교해보면 된다. 만약 태양 주

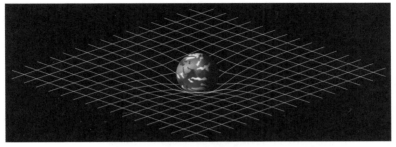

©wikimedia, Mysid

▲ 굽은 공간을 따라 운동하는 지구. 일반 상대성이론에 따르면, 물질은 공간의 곡률을 결정하고, 공간은 물질의 운동을 결정한다.

위의 공간이 굽어 있다면 태양 근처를 지나오는 별빛은 휘어져 별의 실제 위치가 다를 것이다.

1919년 개기일식이 일어날 때, 영국의 천체물리학자 **아서 에딩턴** (1882~1944)은 팀을 이끌고 개기일식을 가장 잘 관측할 수 있는 아프리카 서해안의 한 섬에서 개기일식의 사진을 찍은 후 몇 달 전에 찍었던 별들의 위치와 비교해보았다. 그 결과, 별들의 위치가 아인슈타인이 예측했던 만큼 이동해 있는 것을 확인했다. 이 같은 빛의 휘어짐은 먼 은하들이 보여주는 **중력렌즈** 효과에서도 밝혀졌다. 중력렌즈 효과란 중력으로 인해 빛이 휘어져 렌즈 역할을 하는 현상을 말한다.

이리하여 가속도에서 출발한 일반 상대성이론은 결국 중력이론으로 변신하여 우주 구조의 근본적인 문제에 대한 해석 틀을 제공함으로써 현대 우주론의 출발점이 되었다. 아인슈타인의 중력이론이 등

▲ 중력렌즈 효과를 보여주는 웃는 은하. 이 놀라운 이미지의 주인공은 SDSS J1038+4849로 불리는 은하단이다. 커다란 원 안에 밝은 두 은하가 마치 두 눈처럼 보이며, 코 부분에는 하얀 단추까지 단 듯한 이 모티콘처럼 보인다. 이 은하의 웃는 입이 강한 중력렌즈 효과로 인해 휘어진 빛의 고리다.

장하자 비로소 우주론이 신화와 상상의 영역에서 벗어나 과학의 장으로 옮겨가게 되었던 것이다. 일반 상대성이론만큼은 그 시대의 어느 누구도 생각지 못했으며, 인류 역사상 가장 위대한 지적 산물의 하나라는 평가를 받고 있다.

우주의 탄생과 거대한 불꽃놀이

1920년대 대부분의 천문학자들은 우주가 정적이면서 균일하다고 믿고 있었다. 이는 뉴턴 이래의 줄기찬 전통이었다. 아인슈타인도 이 정적인 우주를 선호했다. 그런데 실망스럽게도 그의 일반 상대성이론을 통하여 제시된 중력 방정식은 우주가 팽창하거나 수축해야 한다는 것을 보여주는 것이었다. 하지만 **벤틀리의 역설***이나 **올베르스의 역설**과 부딪히게 된다.

중력은 항상 인력으로만 작용하므로, 종국에는 모든 별들이 한 덩어리로 뭉칠 것이고 우주의 파국은 피할 수 없게 된다. 아인슈타인 역시 200년 전 벤틀리 역설을 뛰어넘을 수가 없었다.

아인슈타인은 자신의 중력 방정식에서 정적인 우주를 유도하기 위해 **우주상수**(162~163쪽 참조)라는 새로운 항을 덧붙여 이 문제를 피해갔다. 말하자면 반중력(척력)에 해당하는 우주상수를 집어넣음으로써 인위적으로 정적 우주를 만들어냈던 것이다. 아인슈타인의 우주상수는 200년 전 뉴턴이 "천체의 운동에 가끔 신의 손길이 필요하

----

* 영국의 성직자 리처드 벤틀리(1662~1742)가 뉴턴의 중력이론이 지닌 모순을 지적한 내용. 뉴턴의 중력이론으로 볼 때, 우주가 유한하면 별들이 결국 한 점으로 붕괴되어 충돌하는 처참한 종말을 맞을 것이며, 우주가 무한하다면 우주는 각 방향으로 찢어져 혼돈에 찬 종말을 맞이할 것이라는 주장이다. 뉴턴은 이에 대해 사방에서 당기는 중력의 힘이 균형을 이루어 현상유지가 되는 것이라면서도, 가끔은 신의 손길이 필요할 것이라고 답했다.

다"고 말했던 '신의 손'에 다름 아니었다.

이해하긴 좀 어렵겠지만, 아인슈타인의 중력장 방정식은 다음과 같다. 마지막 람다(Λ)항이 우주상수다.

$$G_{\mu\nu} = \frac{8\pi G}{c^4} T_{\mu\nu} - \Lambda g_{\mu\nu}$$

여기서 $G_{\mu\nu}$는 아인슈타인 텐서, G는 뉴턴의 중력상수, c는 빛의 속도, $T_{\mu\nu}$는 스트레스-에너지 텐서, Λ는 우주상수다.

우주상수를 끼워넣은 아인슈타인의 중력 방정식은 곧 반격을 받았다. 러시아의 수학자 **알렉산드르 프리드만**(1888~1925)은 아인슈타인의 방정식이 우주의 팽창을 나타낸다는 것을 최초로 발견하고, 그에 대한 해결책을 내놓았다.

그가 내놓은 방정식은 우주의 미래를 다음 세 가지로 상정하고 있었다. 그것은 우주공간에 물질이 어느 정도 있는가에 따른 것이다. 첫째, 우주공간의 평균밀도가 **임계밀도** 이하이면 우주는 계속해서 팽창하다가 얼어붙게 되고, 둘째, 그 이상이면 언젠가 팽창이 멈춰지고 수축해서 **대파국**을 맞는다. 그리고 셋째, 1m³당 수소원자 10개인 임계밀도 이하이면 영원히 팽창한다. 곧 우주는 편평하다는 뜻이다.

프리드만에 뒤이어 벨기에 천문학자이자 가톨릭 교회 사제인 **조르주 르메트르**(1894~1966)는 1931년, 대우주는 극단적으로 높은 밀도와 온도를 가진 물질의 응축된 방울에서 시작했다고 제안했다. '원시의 알'이라 할 만한 이 **원시원자**primeval atom는 대우주의 모든 물질과 복사를 포함한 것으로, 내부 압력으로 말미암아 대폭발을 일으켜 급격히 팽창하기 시작했다는 것이다.

시간이 흘러감에 따라 우주의 물질은 더욱 냉각되고 은하로 응축되었으며, 은하 내부에서는 항성으로 응축되었다. 그리하여 몇 십억 년이 흐른 후 대우주는 계속된 팽창과 함께 오늘 존재하는 것과 같은 상태에 도달하기에 이른 것이다.

르메트르는 더 나아가, 시간의 흐름에 따른 명백한 팽창은 과거로 갈수록 우주가 수축하고 결국에는 우주의 모든 물질이 하나의 점인 원시원자로 모여, 시간과 공간이 존재하지 않는 시점이 있었다는 것을 보여준다고 주장했다. 이는 우주의 기원, 즉 르메트르가 **어제가 없는 오늘**(the day without yesterday)이라고 불렀던 태초의 시공간에 도달한다는 의미다.

그럼 그 이전에는 무엇이 있었으며, 왜 대폭발이 일어났는가 묻는 것은 아무런 의미가 없다. 시간과 공간이 그때 비로소 시작되었기 때문이다. 곧, 대폭발은 우주 사건의 지평선인 것이다. 그래서 과학자들 중에는 "우주의 기원이 무엇이냐는 물음에는 답이 없다는 것이 정답이다"라거나, "우주는 무無로부터 저절로, 그리고 필연적으로 생겨났다"고 말하는 이가 있다.

빅뱅에 의해 팽창하는 우주에서는 은하들 사이의 거리와 그들이 서로 멀어져가는 속도를 알 수 있으므로 우리는 팽창이 시작된 시점까지의 시간을 계산해낼 수 있다. 이 같은 방법으로 빅뱅 우주론 제창자들은 우주의 나이는 약 100억 년이라는 결론에 도달했다. 곧, 100억 년 전에 우주 탄생을 알리는 대폭발이 실제로 일어났다는 것이다.

세기의 천재 아인슈타인조차 인식하지 못했던 팽창우주부터 우주상수와 **블랙홀**까지, 현대 우주론의 중요한 발전에 큰 역할을 한 르메트르는 자신의 모델을 소개하기 위해 1927년 브뤼셀에서 열렸던 **솔베이 학회**에 참석하여 아인슈타인을 만났다.

로만 칼라의 신부복을 입은 르메트르는 자신의 이론을 아인슈타인에게 열심히 설명했지만 아인슈타인의 반응은 차가웠다. "당신의 계

▶ 조르주 르메트르. 벨기에의 로마 가톨릭 교회 사제이자 천문학자로, 에드윈 허블 이전에 먼저 우주의 팽창과 대폭발 이론을 최초로 발표했다.

내 생애 처음 공부하는 두근두근 천문학

산은 정확하지만 당신의 물리학은 말도 안 됩니다"라는 끔찍한 말을 들었을 뿐이다. 그러나 아인슈타인은 그로부터 6년 후 자신의 발언을 취소해야 했다. 1933년, 허블이 우주팽창을 발견한 윌슨산 천문대에서 열린 세미나에서 르메트르는 허블과 아인슈타인 등 쟁쟁한 천문학자와 물리학자들 앞에서 자신의 빅뱅 모델을 발표했다. 그리고 현재의 시간에 대해 이렇게 말했다.

모든 것의 최초에 상상할 수 없을 만큼 아름다운 불꽃놀이가 있었습니다. 그런 후 폭발이 있었고, 폭발 후에는 하늘이 연기로 가득 차게 되었습니다. 우리는 우주가 창조된 장관을 보기엔 너무 늦게 도착했습니다. (……) 이 세상의 진화는 이제 막 끝난 불꽃놀이에 비유될 수 있습니다. 지금의 이 우주는 약간의 빨간 재와 연기인 것입니다. 우리는 식어빠진 잿더미 위에 서서 별들이 서서히 꺼져가는 광경을 지켜보면서, 이제는 이미 사라져버린 태초의 휘광을 회상하려 애쓰고 있는 것입니다.

르메트르의 발표를 다 들은 아인슈타인은 "내가 들어본 창조에 대한 설명 중에서 가장 아름답고 만족스러운 설명"이라면서 그의 개척자적인 노력을 높이 평가했다. 아마 르메트르는 6년 전 아인슈타인에게서 들었던 혹평을 충분히 보상받았다고 생각했을 것이다.

이 자리에서 아인슈타인은 정적 우주를 만들기 위해 자신의 중력방정식에 삽입했던 우주상수를 자신의 '일생일대의 실수'라고 고백했다.

우주는 과연 영원불멸할까

창조신화에서 출발해 빅뱅 우주론에 이르기까지 수많은 우주관이 역사의 수면 위로 떠올랐다가는 거품처럼 스러지곤 했지만, 인류가 생각해온 모든 우주관은 크게 두 가지 유형으로 구분할 수 있다. 이른바 우주가 영원불멸인가, 아니면 어떤 기원을 갖는가 하는 것이다.

20세기를 대표하던 두 우주론 중 정상 우주론은 전자에 속한다. 1940년대 거의 동시에 나타난 정상 우주론과 빅뱅 이론은 둘 다 결정적인 증거가 없어, 한동안 격렬한 논쟁이 계속되었다.

한 세대 동안 대폭발 우주론과 선의의 경쟁을 벌인 **정상 우주론**은 영국의 **프레드 호일**(1915~2001), **헤르만 본디**(1919~2005) 등이 내세운 이론으로, 우주는 넓게 보았을 때 어느 쪽으로나 등방, 균일한 것처럼 시간적으로도 예나 이제나 앞으로나 변함없이 같다는 주장이다. 우주는 시작도 끝도 없으며, 따라서 진화도 없고 이대로 영원하다는 것이다. 여기서는 굳이 우주의 시작점을 정할 필요가 없다.

하지만 문제가 있었다. 허블이 발견한 우주의 팽창이 너무나 명백한 사실이므로 정적인 우주론은 발붙일 자리가 없었다. 따라서 진화하면서도 변화하지 않는 우주 모델을 생각해야 했다. 우주가 팽창한다면 시간이 흐름에 따라 우주의 물질 밀도는 낮아진다. 이 문제를 해결하기 위해 **토머스 골드**(1920~2004)는 우주가 팽창함에 따라 늘어나는 은하 사이의 공간에서 새로운 물질이 나타난다는 착상을 했다.

이것은 동적이면서도 무한한 우주라는 조건에 들어맞는다. 우주가 무한하다면 우주가 2배로 커져도 역시 무한하다. 은하 사이에 물질이 만들어지기만 하면 우주의 물질 밀도는 유지될 수 있으며, 우주 전체는 변하지 않고 그대로 남아 있게 된다. 이렇게 하여 정상 우주론이 등장하게 되었다. 이 이론은 이전의 영원하고 정적인 우주에 새로운 물질의 창생을 덧보태 약간 수정을 가한 것이다. 우주는 팽창하지만, 그 내용은 영원하며 근본적으로는 변하지 않는다. 별들은 수소 구름에서 태어난다. 별이 생을 마치고 죽으면 그 물질은 다시 우주 공간으로 돌아가고, 그것을 밑천 삼아 다른 별로 재생한다.

이 아름다운 이론에 의하면, 대우주는 죽음과 재생의 무한한 순환으로 영원히 지속된다. 죽은 별들의 잔해는 그럼 어떻게 되는가? 정상상태 우주론 역시 우주가 팽창한다고 보므로 계속 생기는 공간으로 인해 죽은 별들로 꽉 찰 염려는 없다.

그러나 단 하나 불온한 사실이 있다. 새로운 별의 탄생에는 신선한 수소가 필요불가결하다. 만약 새로운 수소가 공급되지 않는다면, 빛의 속도로 팽창해가는 우주는 언젠가는 물질의 밀도가 0의 상태로 떨어지고, 마지막 항성의 빛이 꺼진 후에는 어떤 빛도, 생명도 존재하지 않는 대공허로 변해갈 것이다. 그러나 정상 우주론은 대우주를 통해서 신선한 수소가 무에서부터 끊임없이 창생된다고 주장한다. 이는 질량불변의 법칙에 위배된다고 생각할지 모르지만, 태초에 물질이 창생되었다면 지금 그러지 말란 법은 없지 않은가 하고 반박

▲ 케임브리지 대학 정원에 있는 프레드 호일의 동상. 그의 아름다운 정상 우주론에 의하면, 대우주는 죽음과 재생의 무한한 순환으로 영원히 지속된다.

할 수 있는 것이다.

그러면 물질이 어떻게 무에서 창조되는가? 우주가 팽창하면서 온도가 떨어지면 우주를 가득 채우고 있는 양자장이 음의 압력을 내게 되고 물질 사이에 **밀힘**(척력, 반중력)을 일으켜 우주공간이 급팽창한다. 공간이 팽창한 만큼 우주의 에너지가 증가하는데, 이 에너지가 급팽창이 끝나면서 물질로 바뀐다.

우리는 우주가 팽창한다는 사실이 발견되고, 우주의 팽창에는 중심이 없으며 모든 은하는 서로 멀어지고 있다는 사실을 근거로 우주에는 특별한 중심이 없고 어떤 방향으로도 동일하다는 등방성을 '우주원리'로 받아들이게 되었다. 이 원리는 우리은하가 있는 우주공간이나 수십억 광년 떨어진 다른 곳의 우주공간이나 근본적으로 별반

내 생애 처음 공부하는 두근두근 천문학

다를 게 없으며, 우리가 사는 곳이 우주의 어떤 특별한 장소가 아니라는 것이다.

그런데 정상 우주론은 여기서 한걸음 더 나아가 우주는 시간적으로도 동일하다고 주장한다. 이는 공간적으로 동일할 뿐만 아니라, 우리가 존재하는 이 시대도 우주의 다른 시대와 같다는 말이다. 곧, 우리는 우주의 특별한 장소, 특별한 시대에 살고 있는 것이 아니라는 뜻이다. 이 우주원리는 시공간 모두에 대해 대칭성을 주장하는 것으로 '**완전 우주원리**'라 부른다.

이 아름다운 이론에 의하면, 대우주는 죽음과 재생의 무한한 순환으로 영원히 지속된다. 이 이론대로라면 대우주는 태초도 없고 종말도 없이 영구적으로 일정한 물질밀도를 가지며 정상상태로 남아 있을 수 있다. 이처럼 정상 우주론은 떠들썩한 탄생이나 음울한 종말이 없다는 점에서 무척이나 매력적인 우주론이었다.

빅뱅의 '화석'을 발견하다!

두 우주론의 승부는 르메트르가 말한 '태초의 휘광'의 증거물이 발견됨으로써 결정되었다.

1948년 러시아 출신의 미국 물리학자 **조지 가모프**(1904~1968)는 우주 초기에 온도가 매우 높았다면, 대폭발로부터 광자의 형태로 방출된 복사*의 일부가 남아 있을 것으로 생각했다. 1940년대 후반 미국의 **랠프 앨퍼**와 **로버트 허먼**은 대폭발 당시 나온 복사는 우주가 팽창하면서 냉각되었기 때문에 현재 남아 있는 복사의 잔해는 절대온도로 약 **5K**** 정도 될 것이라고 예측한 바 있었다.

가모프 등의 논문은 한동안 잊혔지만, 1965년 프린스턴 대학의 **로버트 디케**는 태초의 강렬한 복사선의 잔재가 오늘날까지 남아 있으며, 감도 높은 전파 안테나로 검출할 수 있다는 결론을 내놓았다. 그런데 그 잔재는 이미 다른 두 물리학자에 의해 발견되어 있었다. 미국 물리학자 **아노 펜지어스**와 **로버트 윌슨**이 벨 연구소의 대형 초단파 안테나의 소음을 없애기 위해 비둘기똥을 청소하다가 우연히 **우주배경복사**의 전파를 잡아냈던 것이다.

그들은 아무리 안테나를 청소해도 끊임없이 들려오는 잡음을 잡을 수가 없어 프린스턴의 디케에게 전화해본 결과, 일찍이 가모프가 우주의 팽창이 **대폭발**로 시작되었다는 빅뱅 우주론에서 예언했던 우주 창생의 **마이크로파**라는 것을 알게 되었다. 바로 대폭발의 메아리라

---

*　열의 세 가지 이동방법인 전도, 복사, 대류 가운데 하나. 원자 내부의 전자는 열을 받거나 빼앗길 때 원래의 에너지 준위에서 벗어나 다른 에너지 준위로 옮겨가면서 전자기파를 방출 또는 흡수하는데, 이러한 전자기파에 의해 열이 매질을 통하지 않고 고온의 물체에서 저온의 물체로 직접 전달되는 현상이다. 절대영도 0K 이상인 모든 물체는 특정 파장의 복사를 방출한다.

**　절대영도에 기초를 둔 온도 측정단위의 기호. 캘빈온도라고도 한다. 섭씨온도와의 관계는 섭씨온도에 273.15를 더하면 된다. 즉, 절대영도(0K)는 −273.15℃다.

　내 생애 처음 공부하는 두근두근 천문학

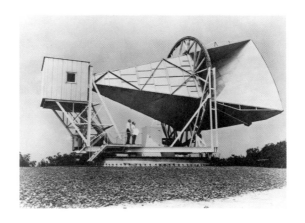

▲ 우주배경복사를 잡아낸 뿔 모양의 전파망원경 앞에 서 있는 펜지어스와 윌슨. 빅뱅의 화석을 발견함으로써 빅뱅 이론의 승리를 담보했다.

불리는 우주배경복사였다.

펜지어스가 발견한 우주배경복사란 특정한 천체가 아니라, 우주공간의 배경을 이루며 모든 방향에서 같은 강도로 들어오는 전파로, 이 초단파 잡음은 절대온도 약 **3K**에 해당하는 **흑체복사 스펙트럼**과 일치한다는 것이 밝혀졌다.

우주의 체온은 우주의 크기에 반비례한다. 빅뱅 우주 당시의 높은 온도가 138억 년이 지나는 동안 우주가 팽창함에 따라 계속 떨어져 3K에 이른 것이다. 이러한 특징은 가모프와 앨퍼 등이 빅뱅 이론에서 주장한 우주배경복사의 특성과 일치한다.

우주의 온도를 재는 것은 비교적 간단하다. 빛은 **광자**光子라는 입자로 이루어져 있으며, 우주공간 1cm³당 광자가 약 400개 들어 있

◀빅뱅 이론을 제창한 조지 가모프. 우주 초기에 온도가 매우 높았다면, 대폭발로부터 광자의 형태로 방출된 복사의 일부가 남아 있을 것으로 생각했다.

다. 그 대부분은 우주 초기 이래 여행을 계속해온 것들이며, 나머지는 별들에게서 온 것이다. 온도와 광자 사이에는 간단한 함수관계가 성립하는데, 이 멋진 공식에 따르면 광자 400개는 3K의 온도에 해당한다. 참고로, 어두운 방안에서 눈앞에 하얀 종이가 놓여 있다는 것을 인식하려면 적어도 4만 개의 광자가 필요하다.

펜지어스와 윌슨은 우주배경복사에 대해 짤막한 논문 한 편을 썼을 뿐인데도 1978년 노벨 물리학상을 받았다. 그러나 최초로 우주배경복사를 예언했던 가모프는 10년 전 이미 세상을 떠났기 때문에 상을 받을 수 없었다. 살아 있었다면 틀림없이 같이 상을 받았을 뿐만 아니라, 자신이 예언한 우주배경복사가 실제로 관측되었다는 사실을 알기만 해도 크게 기뻐했을 것이다. 젊었을 때 구소련을 탈출하기 위해 아내와 함께 흑해에서 카누를 젓다가 미수에 그친 이력까지 있는 가모프는 순수하고 장난기 많은 과학자였다.

펜지어스와 윌슨의 발견에 대해 기라성 같은 천문학자와 물리학자 그룹이 찬사를 쏟아냈다. NASA의 저명한 천문학자 로버트 재스트

내 생애 처음 공부하는 두근두근 천문학

로는 펜지어스와 윌슨이 "500년 현대 천문학사에서 가장 위대한 발견을 했다"고 칭송했으며, 하버드 대학의 물리학자 에드워드 퍼셀은 "그것은 지금까지 인류가 본 것 중에서 가장 중요한 것이다"라고 최상의 찬사를 보냈다. 또한 〈뉴욕타임스〉는 1965년 5월 21일자 신문 머리기사에 '신호는 빅뱅 우주를 의미했다'라는 제목으로 세상에 우주 탄생의 메아리를 전했다.

펜지어스는 자신들의 발견에 열광하는 세상 사람들을 보고 다음과 같은 소감을 남겼다.

오늘밤 바깥으로 나가 모자를 벗고 여러분의 머리 위로 떨어지는 빅뱅의 열기를 한번 느껴보라. 만약 여러분이 아주 성능 좋은 FM 라디오를 가지고 있고 방송국에서 멀리 떨어져 있다면 라디오에서 쉬쉬 하는 소리를 들을 수 있을 것이다. 이미 이런 소리를 들은 사람도 많을 것이다. 때로는 파도 소리 비슷한 그 소리는 우리의 마음을 달래준다. 우리가 듣는 그 소리는 수백억 년 전부터 밀려오고 있는 잡음의 0.5% 정도다.

빅뱅 우주론에 공헌한 아인슈타인, 프리드만, 허블은 이미 세상을 떠나 승리의 환희를 느낄 수 없었지만, 그 기초를 놓은 조르주 르메트르는 병상에서 빅뱅의 화석이 발견되었다는 소식을 들었다. 평생 신과 과학을 함께 믿었던 빅뱅의 아버지 르메트르는 1966년에 우주 속으로 떠나갔다. 향년 72세였다.

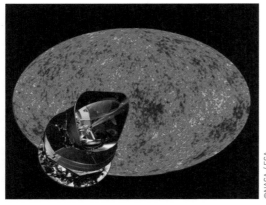

▲ 2003년 NASA의 W맵이 작성한 우주배경복사 그림 앞에 자리한 유
럽 우주국(ESA)의 플랑크 우주선. 더욱 정밀한 우주배경복사 관측
을 위해 2008년에 우주로 날아갔다.

우주배경복사의 발견으로 빅뱅 우주론은 표준 모델로 승격한 반면, 정상 우주론은 무대에서 쓸쓸히 퇴장할 수밖에 없었다.

여담이지만, 이 두 이론의 대립과 관련해 재미있는 에피소드가 하나 있다. 빅뱅이라는 용어의 탄생에 관한 것이다. 1948년 영국 BBC 방송에 출연한 프레드 호일이 빅뱅 이론을 비웃으며 "그럼 어느 날 갑자기 우주가 '빵' 하고 폭발했다(big bang)는 말인가?"라고 비꼰 말이 그대로 굳어져 지금껏 사용되고 있다는 얘기다. 그의 반대편에 섰던 가모프는 냉큼 그 말을 받아 빅뱅이란 말을 애용했다. 아이러니하게도 정상 우주론의 대표 호일이 빅뱅이라는 용어의 창시자였던 셈이다.

내 생애 처음 공부하는 두근두근 천문학

천문학자들이
가장 많이 받는 질문은?

사람들은 천문학자를 만나면 대개 다음 세 가지 질문을 가장 많이 하는 것으로 나타났다.

- 신이 과연 있습니까?
- 외계인이 있나요?
- 만약 블랙홀 안으로 떨어지면 어떻게 되나요?

이 흥미로운 질문들에 대해 미국의 한 천체물리학자가 퍽 그럴듯한 답을 내놓았다. 물론 과학적인 증거와 자신의 견해를 종합해 만든 것이다. 참고로 그의 이름은 류(Liu)이며, 뉴욕시립대 CUNY 스태튼 아일랜드 컬리지 교수임을 밝혀둔다.

신은 과연 있을까?

일반적으로 과학이나 천문학은 특별히 신의 존재에 대해 언급할 대목이 별로 없다. 말하자면 그것은 과학이 답할 수 있는 영역이 아니란 얘기다. 과학은 확인된 예측과 증거에 기초해 결론을 도출한다. 하지만 신의 존재는 그러한 결론을 도출할 수 있는 영역의 문제가 아니다. 과학은 존재하는 것에 대한 내용과 변화를 연구할 수 있을 뿐이다.

최근 베네딕트 교황이 다음과 같은 말을 했다. "빅뱅 이론은 신이 존재한다는 것을 말해주는 것이다." 하지만 사실은 그렇지 않다. 빅뱅은 우주의 시초에 일어난 사건일 뿐이다. 그로부터 시간과 공간이 출발한 것이다. 그 이전에는 시간도 공간도 없었다. 많은 사람들이 이러한 천문학적 발견은 신의 존재를 증명해주는 것이라고 굳게 믿는다. 반면에 또 다른 사람들은 '우주가 존재하는 데는 신이 필요치 않다. 신은 존재하지 않는다'라고 생각한다.

빅뱅이 신의 존재나 부재를 증명한다고 하는 주장은 터무니없는 것이다. 물론 '나는 스파게티 괴물'(무신론자들이 우주를 창조했다고 우스개 삼아 일컫는 신)의 존재 여부도 증명해주지 않는다. 이건 절대 농담이 아니다. 빅뱅과 신의 존재를 결부시켜 믿는 것은 맹신일 따름이다.

우주는 참으로 아름다우며 복잡하고 환상적이다. 나는 지금까지 이 우주를 존재케 한 어떤 전지전능한 신적 존재를 나타내주는 증거라고는 본 적이 없다. 하지만 신이 존재하지 않는다는 증거 역시 본 적이 없다.

외계인은 존재할까?

있다. 우주는 너무나 광활한 곳이어서, 이 넓은 우주에서 오로지 한 곳에만 생명이 출현할 확률은 근본적으로 제로다. 한 곳에서 생명이 출현했다면 다른 곳에서도 당연히 출현할 수 있었을 것이다. 그러나 우리는 장구한 시간과 광막한 공간으로 격리되어 있어 그들의 존재를 감지할 수 없을 따름이다. 언젠가 만날 것이란 보장도 사실 없다.

하지만 지구상에 외계인 거주지가 있다든가, 뉴멕시코 로즈웰에 UFO가 추락했다든가 하는 얘기는 사실이 아니다. 외계인 존재에 관한 증거라고 주장하는 것들 중 엄격한 과학적 검증을 거친 사례는 여태껏 하나도 없다.

외계인들과 언젠가 접촉할 수 있을까? 인류의 메시지를 싣고 지구에서 송출된 라디오파가 우주공간을 여행한 지가 50년이 되었다. 이는 곧 50광년의 거리, 곧 500조km를 내달렸다는 얘기다. 그런데 우리은하만 해도 지름이 그 2천 배인 10만 광년이나 된다. 그 라디오파가 우리은하를 가로지르는 데만도 10만 년이 걸린다는 뜻이다. 따라서 외계인이 비록 우리은하 안에 존재하더라도 그 신호를 수신할 가능성은 거의 없다고 할 수 있다. 정말 우리와 가까운 데 있지 않는 한 말이다. 그 역도 마찬가지다.

그러면 우리가 외계 생명체와 만날 확률은 전혀 없을까? 확신은 할 수 없다. 하지만 그럴 경우가 생기더라도 참으로 아주 먼 미래의 일일 것이다.

내가 만약 블랙홀 안으로 떨어진다면?

두 단계로 대답할 수 있다. 우리 지구에는 조수 현상이 있다. 달과 지구의 인력으로 일어나는 현상이다. 달의 인력이 작용하는 방향으로 지구가 늘어나는 것이라 보면 된다. 지구 본체는 매우 단단하기 때문에 지표가 늘어나는 것은 거의 눈에 띄지 않지만, 바닷물은 다르다. 대단히 큰 움직임을 보이는 것이다. 그게 바로 밀물과 썰물이다.

첫 단계로, 여러분이 블랙홀 가까이 있다고 하자. 블랙홀의 인력은 상상을 초월하는 크기이기 때문에 만약 머리부터 다이빙한다면 그 머리와 발끝에 작용하는 인력(조석력) 크기의 차이로 인해 여러분의 몸은 짜낸 치약처럼 엄청 길게 늘어날 것이다. 마틴 리스 경은 이 현상을 **스파게티화**라는 용어로 표현했는데, 참으로 적절한 말이다. 그리고 마지막은 원자보다 작은 입자의 흐름으로 블랙홀 안으로 소용돌이치며 사라질 것이다.

다음 단계로, 블랙홀에 빠지더라도 어떻게든 조석력을 이겨내 생존할 수 있는 상황을 가상한다는 것이다. 이 경우 더욱 재미있는 사실을 알 수 있다. 블랙홀은 클수록 여러분에게 덜 치명적이다. 만약 여러분이 빠진 블랙홀이 지구 크기만 하다면 여러분은 스파게티가 될 운명을 피할 수가 없다. 하지만 그 블랙홀이 만약 태양계만 하다면 블랙홀의 **사건의 지평**에서 느끼는 조석력이 그다지 크지 않아 몸은 그런대로 원형을 보존할 수 있을 것이다.

그렇다면 아인슈타인의 일반 상대성이론에서 예측한 시공간의 휘어짐은 블랙홀에서 어떻게 나타날까? 먼저 여러분이 블랙홀로 뛰어들 때 빛의 속도에 가깝게 가속하여 돌입한다면, 공간 속을 움직이는 속도가 빠를수록 시간은 느리게 흘러갈 것이다.

그럼 어떤 현상이 벌어지는가? 블랙홀 안으로 떨어질 때 여러분 바로 앞에는 여러분보다 먼저 떨어진 것들이 보일 것이다. 그들은 여러분보다 더 많은 시간 지체를 겪었기 때문이다. 만약 뒤쪽으로 돌아볼 수 있다면, 그보다 늦게 블랙홀 안으로 떨어진 모든 것들을 볼 수 있을 것이다.

결론적으로 말해, 여러분은 자신이 있는 그 지점의 우주의 전 역사, 곧 빅뱅에서 먼 미래까지의 역사를 동시에 볼 수 있다는 뜻이다.

©NASA/JPL-Caltech

▲ 블랙홀 상상도. 만약 머리부터 다이빙한다면 블랙홀의 엄청난 인력 크기의 차이로 인해 여러분의 몸은 짜낸 치약처럼 길게 늘어날 것이다.

우주에서 발견한 '신의 얼굴'

태초의 우주는 어떤 풍경이었을까

우주의 팽창이 거역할 수 없는 대세가 되자 몇몇 천문학자들은 최초의 순간에 대해 생각하기 시작했다. 은하들이 서로 멀어져가는 과정을 거꾸로 되돌린다고 가정하면 우주의 시작 지점까지 되돌아갈 수 있을 거라고 생각한 것이다. 이는 우주팽창의 기록 필름을 거꾸로 돌리는 것이나 다를 바 없다.

138억 년 전 빅뱅이라는 사건이 있었다는 것은 이제 누구도 부정하기 어려운 정설이 되었지만, 과연 어떻게 빅뱅이 일어나게 되었는가 하는 데는 여러 가설이 존재한다.

그중 하나는 1980년대에 미국의 **알렉산더 빌렌킨**과 **스티븐 호킹***이 발표한 이론으로, 우주는 '무無에서 탄생했다'는 주장이다. **양자 요동**에 의해 극미한 공간에 물질이 무한대의 밀도로 응축된 원자, 곧 **특이점**이 나타났고, 이것이 대폭발을 일으켜 오늘의 우주가 되기까지 팽창을 거듭해왔다는 것이다. 이 이론에 따르면 빅뱅은 이미 존재하던 3차원 시간과 공간에서 발생한 평범한 폭발이 아니다. 폭발과 더불어 시간과 공간이 사실상 창조되었음을 뜻한다. 빅뱅과 더불어 창조된 물질과 에너지는 지금 우리가 관측할 수 있는 우주를 가득 채운 은하와 별들로 진화했다.

폭발이 일어나기 전, 즉 138억 년 전에는 시간도 공간도 물질도 아무것도 없었다. 변화가 없는 곳에는 시간 자체가 있을 수 없다. 따라서 시간 역시 빅뱅과 함께 시작되었다.

이 같은 시간의 개념을 이미 1500년 전에 생각했던 사람이 있었다. 초기 기독교 철학자인 **성 아우구스티누스**(354~430)가 한 신자로부터 "하나님은 천지창조 이전에는 무엇을 하셨습니까?" 하는 질문을 받고는 "너같이 그런 질문을 하는 사람을 잡아 가둘 지옥을 만들고

----

*   영국의 우주물리학자. "블랙홀은 검은 것이 아니라 빛보다 빠른 속도의 입자를 방출하며 뜨거운 물체처럼 빛을 발한다"는 학설을 내놓았으며, '특이점 정리' '블랙홀 증발' '양자 우주론' 등 현대물리학에 3가지 혁명적 이론을 제시했다.

계셨다"라는 독설을 퍼부었다는데, 그것은 말 많은 신도들의 입을 막기 위해 질 나쁜 성직자들이 지어낸 얘기일 뿐이고, 실은 이렇게 대답했다고 한다. "천지가 창조됨으로써 비로소 시간이 시작되었기 때문에 그 이전이란 말은 의미가 없다."

이 말은 현대 우주론의 시간관과 다를 게 없다는 면에서 참으로 놀라운 예지라고 할 수 있다. 현대 우주론자들은 그에 대해 더욱 구체적으로 답변한다. "빅뱅과 함께 시간과 공간이 탄생했으므로, 그런 질문은 성립되지 않는다. **북극점**에서 북쪽이 어디냐고 묻는 것이나 같다."

빅뱅이 일어난 직후 초고온의 **아기 우주**는 급격히 팽창하기 시작했다고 한다. 미국의 우주론자 **앨런 구스**(1947~)가 제창한 이른바 **인플레이션**(급팽창) **이론**인데, 우주 초기의 어떤 순간에 우주가 빛보다 더 빠른 속도로 팽창했다는 가설이다.

이것은 빅뱅 속에서 극히 짧은 순간인 $10^{-36} \sim 10^{-32}$초로, 이 짧은 시간 동안 시공간은 빛보다 빠른 속도로 팽창하여 우주의 크기는 양성자보다 훨씬 작은 크기에서 10^{43}배 이상 커졌다는 것이다.

아인슈타인의 **특수 상대성이론**에 따르면 어떤 것도 빛보다 빨리 운동할 수 없다고 하지만, 이는 공간 자체가 팽창하는 것이기 때문에 그 말이 해당되지 않는다.

우주가 팽창하지만, 은하들이 스스로 이동하는 것은 아니다. 우주 팽창은 공간 자체가 팽창하는 것이기 때문에 은하간 공간이 늘어나

내 생애 처음 공부하는 두근두근 천문학

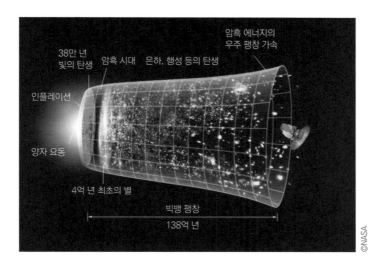

암흑 에너지의
우주 팽창 가속

38만 년
빛의 탄생   암흑 시대   은하, 행성 등의 탄생

인플레이션

양자 요동

4억 년 최초의 별

빅뱅 팽창
138억 년

©NASA

▲ 빅뱅 모델. 138억 년 전 초고밀도의 원시의 알이 대폭발을 일으켜 오늘의 우주로 팽창, 진화했다.

고 있는 것이다. 따라서 은하들은 늘어나는 우주의 카펫을 타고 서로 멀어져가고 있는 셈이다.

풍선을 생각해보면 이해하기가 한결 쉽다. 풍선 위에 무수한 점들을 찍어놓고 풍선에 바람을 불어넣는다고 치자. 풍선이 무한대로 부풀어간다면 그 표면에 찍힌 점들은 서로에게서 무한히 멀어져갈 것이다. 우주의 팽창이 3차원적으로는 이와 같다.

오늘날에도 천문학자들이 은하들이 어떻게 형성되었는지 완전히 파악한 것은 아니지만, 빅뱅 직후 급팽창을 하는 동안 균일하던 우주에 물질이나 복사 분포의 아주 작은 **불균일성**에서 은하의 씨앗이 태어나 그것이 진화해온 것으로 생각하고 있다.

이 불균일성은 우주의 생성 초기에 존재했어야 한다. 왜냐하면 우주가 팽창하기 시작했을 때 완전히 평탄하고 균일했다면, 오늘날에도 여전히 그 상태로 남아 있을 것이기 때문이다. 따라서 우주에는 은하나 별 그리고 다양한 화학원소도 없었을 것이고, 행성이나 생명체도 생겨날 수 없게 된다. 말하자면 우주의 건더기라고 할 수 있는 별이나 성간물질, 은하 등이 생겨날 수 없어 우주는 여전히 맹탕인 채로 있었을 것이란 뜻이다.

그러나 현재의 우주 상황은 전혀 그렇지 않다. 수많은 별과 은하들이 무서운 속도로 내달리고, 서로 충돌하거나 폭발하며, 지금 이 순간에도 별들이 탄생하는 등 천변만화의 변화를 보여주는 역동적인 우주인 것이다. 그러므로 최초의 팽창 국면에 별과 은하의 씨앗이 될 만한 불균일성이 반드시 있었어야 한다는 결론이 나온다.

그렇기 때문에 펜지어스와 윌슨이 찾아낸 우주배경복사의 균일한 등방성* 속에서 미세한 불균일성의 증거를 찾아내야 했다. 이를 위해서는 보다 세밀하게 우주배경복사를 뒤져볼 필요가 있었다. 1970년대 초반의 관측은 100분의 1 차이까지 불균일성을 감지할 수 있었지만, 방향에 따른 파장의 차이는 관측되지 않았다. 이것이 정상 우주론자들에게 빌미가 되어 처음부터 그러한 차이는 존재하지 않았다

----

* 우주배경복사가 우주의 모든 방향에서 같은 세기로 온다는 사실

내 생애 처음 공부하는 두근두근 천문학

며 빅뱅 우주론을 공격하기 시작했다.

우주배경복사 속의 100분의 1 이하 불균형 찾기, 이것이 천문학계의 최대 화두로 떠올랐다. 그러나 이 변동을 지상관측으로 찾아내는 것은 불가능했다. 이 문제를 해결하기 위해서는 공기가 희박한 대기권 상층으로 올라가서 관측해야 했다.

이 연구에 열정적이었던 캘리포니아 버클리 대학의 **조지 스무트**(1945~)는 인공위성을 이용하여 대기권 밖에서 관측하는 방법밖에 없다는 사실을 깨닫고, NASA에 인공위성을 이용한 우주배경복사 프로젝트를 제안함으로써 우주배경복사 탐사선 **코비**(COBE: Cosmic Microwave Background Explorer) **프로젝트**가 시작되었다.

빅뱅 우주론, 최종 승리를 거두다

태초의 불균일성을 찾기 위한 노력의 일환으로 1989년 11월 18일, 코비를 실은 로켓이 우주공간으로 발사되었다. 코비의 우주배경복사 관측 결과, 우주의 온도는 정확하게 2.728 ± 0.002K라는 것을 알아냈다. 이 온도를 만들고 있는 것이 바로 광자로서, 우주공간 1cm^{3}당 광자가 약 400개 들어 있다. 온도와 광자 사이에는 간단한 관계식이 성립하는데, 그 계산에 따르면 멋지게도 위와 같은 광자 개수가 나온다.

우주배경복사에서 나타난 불균일성은 10만분의 1이었다. 1992년 4월, 조지 스무트는 아기 우주 사진을 들고 기자회견에 나와 "우리는 지금까지 보지 못했던 가장 오래된 초기 우주의 구조를 관측했습니다. 은하나 은하단 같은 우주구조의 원시 씨앗이 실제로 존재했습니다"라고 밝힌 다음 "만일 여러분이 신앙이 있다면, 이것은 신의 얼굴을 본 것과 같습니다"라고 감탄에 찬 말로 술회했다. 스티븐 호킹도 "이 발견은 역사상 최고는 아닐지 모르지만, 금세기 최고의 발견이다"라고 평가했다. 이로써 초단파 잡음이 빅뱅의 잔재라는 것을 더는 의심할 수 없게 되었다.

이 발견은 위기에 빠진 빅뱅 우주론을 구해냈다. 그 공로로 조지 스무트와 존 마셔는 2006년도 노벨 물리학상을 받았다. 우주배경복사로 두 차례나 노벨상이 주어졌다는 것은 빅뱅 우주론의 최종적인 승리를 뜻하는 것이었다. 언론들은 1면 전체를 코비의 기사로 메웠으며, 〈뉴스위크〉는 '신의 필체'라는 제목으로 이 기사를 집중적으로 다루었다. 이로써 정상 우주론은 설 자리를 잃게 되고, 인류는 진화하는 우주의 미래를 생각하게 되었다.

코비가 처음 2년 동안 관측한 전 하늘의 우주배경복사의 온도편차를 나타낸 지도를 보면, 붉은색 영역은 평균보다 온도가 10만분의 1 정도 높은 지역을 나타내고, 푸른색은 온도가 낮은 지역을 나타낸다. 이것은 빅뱅 38만 년 후의 우주구조를 보여준다.

이 사진은 또한 초기 우주에 밀도의 파동이 있었음을 증명해주고

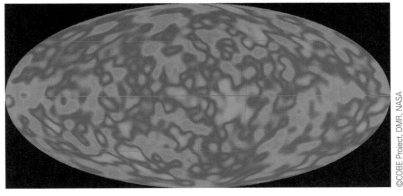

▲ 코비가 찍은 우주배경복사. 조지 스무트가 '신의 얼굴'이라 한 그림이다.

있다. 이로써 빅뱅 우주론은 은하의 형성을 설명할 수 있게 되었다. 빅뱅 우주론의 명백한 승리였다.

빅뱅 모델을 증명하려던 노력은 이렇게 대단원의 막을 내렸다. 여러 세대에 걸쳐 세계의 기라성 같은 천문학자와 물리학자들-아인슈타인, 르메트르, 가모프, 앨퍼, 바데, 펜지어스와 윌슨, 코비 팀과 그밖의 많은 과학자들-은 인류 최대의 화두였던 만물의 출발, 곧 우주 탄생에 대해 정답을 찾아냈던 것이다.

만물의 근원을 찾아헤맸던 탈레스와 플라톤, 아리스토텔레스 같은 고대 그리스의 철학자들, 그리고 17세기 라이프니츠, 볼테르 같은 계몽주의 철학자들이 이 소식을 들었다면 정말 기뻐했을 것이다. 그런 의미에서 이 시대를 살고 있는 우리는 행복하다고 할 수 있다.

우주배경복사에 관한 더욱 자세한 관측에 의해 빅뱅 이후 급팽창한 공간에는 초기 **2억 년** 만에 **별**이 탄생했으며, **5억 년** 만에 **은하**라 부를 수 있는 것이 나타났다. 그리고 우주의 나이는 오차 범위 1% 수준에서 **138억 년**으로 밝혀졌다.

이 같은 사실을 담고 있는 우주배경복사 지도는 우주 탄생의 초기를 보여주는 초상화나 마찬가지다. 말하자면 아기 우주의 모습을 담고 있는 돌 사진과도 같은 것이다. 우주론을 연구하는 과학자들에게는 정밀한 우주배경복사 지도는 보물지도와 같은 존재다. 이들은 이 지도의 정보와 다른 관측자료를 결합하여 우주의 여러 성질을 알아내려고 연구하고 있다.

예컨대 온도편차가 있는 지역들의 크기와 온도를 비교하여 초기 우주의 인력의 세기를 알아내고, 물질이 얼마나 빨리 뭉쳐지게 되었는지 추론할 수 있다. 또 우주배경복사로부터 일반물질과 **암흑물질**, **암흑 에너지**의 구성비를 계산해내며, 우주의 미래까지 내다볼 수 있다. 곧, 우주가 영원히 팽창할 것인지 아니면 언젠가 수축을 시작할 것인지 단서를 찾아낼 수 있는 것이다.

코비는 대단한 성공을 거두었지만, 과학자들은 이보다 10배, 100배 더 민감한 측정장비를 실은 탐사선을 개발해냈다. 이로써 2001년에는 윌킨슨 초단파 비등방 탐사선(WMAP)을, 2009년에는 유럽의 플랑크Planck 탐사선을 지구궤도에 올려 우주배경복사에 관해 더욱 정밀한 관측을 수행해나가고 있다. 보다 정밀한 플랑크 우주선이

　　　　　　　　　　　내 생애 처음 공부하는 두근두근 천문학

관측한 데이터에 따르면, 우주의 나이는 138억 년, 암흑에너지 74%, 암흑물질 22%, 일반물질 4%를 차지한다. 그리고 이때의 허블 상수는 68km/s/Mpc다.

『성경』에 나오는 '말씀'은 '수소'였다?

빅뱅 직후, 갓 태어난 우주의 최초로 돌아가보자. 그때는 지금까지 우주공간에 존재했던 모든 물질을 구성하는 입자들이 **특이점**이라 부르는, 엄청나게 뜨거운 일종의 용광로 속에 무한대의 밀도로 뭉쳐져 있었다.

이 미시의 우주에는 물질이나 빛은 존재하지 않았고, 다만 초고온, 초고밀도의 에너지로 가득 차 있었다. 빅뱅 이론을 체계화한 가모프는, 이 상태는 우리가 상상도 할 수 없을 정도의 엄청난 초고온 불덩어리일 것이라고 생각하고 처음엔 **불덩어리 우주 모델**이라고 부르다가 나중에 정식으로 빅뱅 이론으로 명명했다.

앨런 구스가 제창한 **급팽창**(인플레이션) 이론에 따르면, 아기 우주가 엄청난 속도로 팽창함에 따라 우주의 온도는 빠르게 떨어져갔다. 그리고 **인플레이션**이 끝나고 팽창속도가 급격히 떨어지면서 팽창 에너지가 변해 물질과 빛을 탄생시켰다. 우리는 태초의 원자보다 작은 특이점이 대폭발을 일으킨 것을 빅뱅이라 하지만, 현대 우주론의 표준 모델은 이 작열 상태의 우주 탄생을 빅뱅이라고 보고 있다.

이 태초의 우주공간에는 먼저 입자와 **반입자**가 거의 같은 양으로 만들어졌다. 반입자란 입자와는 전하 등의 성질이 반대인 입자다. 입자와 반입자가 만나면 **쌍소멸**하고 빛이 된다. 이때의 우주공간에는 입자의 수가 반입자의 수보다 약간 많았기 때문에 입자만 남게 되었다.

인플레이션이 끝난 이후의 우주는 약 **1조K** 이상이었고, 이때 탄생한 물질은 **소립자**들이었다. 말하자면 다양한 소립자들이 우주공간을 가득 메운 채 날아다니는 그런 풍경이었을 것이다.

풍경은 곧 바뀌었다. 우주 탄생으로부터 약 1만분의 1초 후 우주 체온은 1조K 이하로 떨어졌고, 낱낱으로 날아다니던 소립자(쿼크)들이 3개씩 서로 결합해 **양성자**와 **중성자**를 만들었다. 이때 양성자 하나로 이루어진 수소가 처음으로 우주공간에 모습을 드러냈다. 우주는 수소로 가득찼다. 그 무렵 다른 원소들은 없었다.

오늘날 우리들이 보는 이 세상의 만물은 바로 이때 탄생한 수소에서 빚어진 것들이다. 『성경』에 '태초에 하나님이 말씀logos으로 천지를 창조하셨다'는 성구를 빗대어 **할로 섀플리**는 "그 말씀은 바로 수소였다"고 재치 있게 표현했다.

우주 탄생으로부터 3분 후 우주의 온도는 10억K까지 내려가고, 양성자 1개와 중성자 1개가 결합해 **중수소 원자핵**이 생겼으며, 이어서 양성자 2개와 중성자 2개가 결합해 **헬륨 원자핵**이 만들어지는 등 핵융합 반응이 시작되었다. 서로 다른 원자핵들이 융합해 더 큰 원자핵

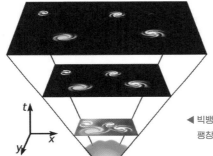

◀ 빅뱅 모델 개념도. 이 개념도는 평면 우주의 일부가
팽창하는 모습을 간략화한 것이다.

을 만드는 핵융합 반응은 빅뱅에서 20분 정도 지나자 중단되었다.

가모프의 빅뱅 이론에 의하면, 이때 원자핵의 비율은 질량 기준으로 75%가 수소, 25%가 헬륨 원자핵이고, 그 밖의 것들은 1%도 채 안 된다. 수소와 헬륨의 비율은 현재 우주 전체에서의 두 원소의 존재비와 일치해 빅뱅 이론의 정밀도를 증거해주고 있다.

우주 최초의 별이 탄생하다

핵융합으로 헬륨과 약간의 리튬 원자핵이 만들어진 다음에도 정작

원자는 나타나지 않았다. 아직까지 우주의 온도가 너무 높아 전자가 원자핵에 붙잡히지 않은 채 제멋대로 공간을 돌아다니고 있었기 때문이다. 말하자면 우주의 핵과 전자 수프는 원자핵 따로, 전자 따로인 '따로국밥' 같은 상황이었다.

이들이 서로 결합하기 시작한 것은 우주 탄생으로부터 약 38만 년 후 우주 온도가 3천K까지 내려갔을 때였다. 그러자 전자의 비행속도가 떨어져 양전기를 띤 원자핵에 포착되어 핵 주위를 돌게 됨으로써 비로소 **원자의 탄생**이 이루어졌다.

마치 원자의 탄생을 축하하기라도 하는 듯 빅뱅에서 출발한 빛도 이때 환한 모습을 드러냈다. 그동안은 공간에 가득찬 전자와 충돌하는 바람에 빛이 직진할 수 없었고, 우주는 마치 안개가 낀 듯 뿌연 상태였다.

그러나 전자가 원자에 포착되어 말끔히 사라지자 빛은 비로소 마음껏 직진하게 되었고 우주는 맑게 개어 투명해졌다. 이를 '우주의 맑게 갬'이라 부른다. 이때의 빛이 바로 현재 우주배경복사가 되어 138억 년 후 펜지어스와 윌슨에게 최초로 발견되었던 것이다.

이윽고 우주 속에 원자나 분자가 생겨나고, 상호 중력에 의해 뭉쳐지기 시작하면서 우주 여기저기에 수소 원자구름이 생겨난다. 물질의 밀도가 약간 높은 곳에서는 중력이 그만큼 강해지므로 더 많은 구름을 모으게 되고 이러한 과정은 계속 되풀이된다.

그리고 원자구름이 중력에 의해 계속 수축함에 따라 중심에는 거대한 수소 공이 자리잡게 된다. 그리고 마침내는 수소 공 중심부에 고온 고압의 환경이 조성되고, 온도가 1천만K를 돌파하면 하나의 사건이 발생한다. 바로 수소 핵융합 반응이 시작되어 핵에너지가 생산되는 것이다.

이로써 수소 공에 불이 반짝 켜지고 최초의 빛이 우주공간으로 방출된다. 이것이 바로 **스타 탄생**이다. 우주에 최초의 별이 생겨난 것은 우주 탄생에서 약 2억 년 뒤의 일로 여겨지고 있다. 이 별들이 모여서 별들의 부락인 은하를 만들고, 또 수많은 은하들이 무리를 지으면서 이 대우주를 구성해간다. 이렇게 138억 년의 진화를 거듭해온 것이 바로 오늘의 우주인 것이다.

우리가 현대과학에 힘입어 우주의 성립과 구조를 여기까지 이해할 수 있게 된 것에 대해, 20세기를 대표하는 물리학자 아인슈타인은 이렇게 말했다. "인간이 우주를 이해할 수 있다는 것이 가장 불가사의한 일이다."

2장

별, 세상에서 가장 오묘한 물건

우리는 별들을 무척이나 사랑한 나머지
이제는 밤을 두려워하지 않게 되었다.

– 어느 별지기의 묘비에 적힌 글

기나긴 별의 여정을 따라가다

인류의 오랜 궁금증을 푼 사람

별은 심오하다. 별이 없었다면 인류는 물론, 어떤 생명체도 이 우주 안에 존재하지 못했을 것이다. 모든 생명체는 별로부터 그 몸을 받았다. 그러므로 별은 살아 있는 모든 것들의 어버이다. 비록 그 수명이 수십억, 수백억 년이긴 하지만 길고 긴 별의 여정을 따라가 보자.

저녁 무렵, 바다처럼 넓고 아름다운 호숫가를 한 쌍의 연인이 나란히 걷고 있다. 계절은 초가을쯤 되었다고 설정하자. 젊은 여인이 문

▶ 한스 베테. 인류가 수만 년 동안 궁금해하던 별이 빛나는 이유
를 처음으로 밝혀냈다.

득 저무는 서쪽 하늘을 바라보더니 탄성을 내지른다.

"어머, 저 별 좀 봐. 정말 예쁘지?"

그러자 남자가 으스대면서 이렇게 말한다.

"흠, 그런데 저 별이 왜 빛나는지 아는 사람은 이 세상에서 나뿐이
지."

이 사람이 바로 독일 출신의 미국 물리학자 **한스 베테**(1906~2005)
다(베테의 부인 이름은 로즈Rose인데, 이날 데이트했던 아가씨의 이름인지는 알
수 없다). 제2차 세계대전 발발 직전인 1938년, 베테의 나이 32세 때의
일이다. 그는 어머니가 유대인이라는 이유로 그로부터 3년 전 나치스
의 박해를 피해 미국으로 건너온 후 코넬 대학에서 교편을 잡았다.

이때는 아직 베테가 논문을 완성하기 전이었는데, 얼마 후 그는 항
성의 에너지원에 관한 논문을 완성했고, 그 업적으로 1967년 노벨
물리학상을 받았다.

인류가 처음 지구상에 출현하여 밤하늘에서 가장 먼저 본 것은 별
이었을 것이다. 때로는 달도 같이 떠 있었겠지만, 달이 없는 밤도 많

으니까 주로 별과 함께 상상의 나래를 펼쳐갔을 것이다.

　이처럼 인류가 지구상에 나타난 이래 밤하늘에서 반짝이는 별들을 수십만 년 보아왔지만, 그 별이 반짝이는 이유는 알지 못했다. 어떤 사람은 태양이 거대한 석탄 뭉치가 타는 것이라고 생각하기도 했다.

　인류의 오랜 궁금증은 1938년에 이르러서야 비로소 풀리게 되었다. 그러니까 아직 한 세기도 채 안 된 셈이다. 이제 우리는 베테 덕분에 밤하늘에서 별들이 아름답게 반짝이는 이유는 별 내부의 수소 핵융합으로 에너지를 얻어 빛을 내기 때문이라는 사실을 알게 되었다.

　베테는 과학계가 풀지 못한 대표적 숙제였던 항성의 에너지 방출 메커니즘을 규명해 **천체물리학**의 토대를 놓았다. 제2차 세계대전 때는 **로스앨러모스**의 비밀무기 연구소에서 원자폭탄 이론물리 분야의 지휘를 맡아 **리처드 파인만**과 같이 일하기도 했으나, 전쟁 후에는 핵실험 중단운동에 참여했다.

별들도 태어나고 늙고 죽는다

　밤하늘의 별들을 보면 영원히 그렇게 존재할 것처럼 보이지만 사실 별들도 인간처럼 태어나서 살다가 늙으면 죽음을 맞는다. 별들이 태어나는 곳은 **성운**이라고 불리는 원자구름 속이다.

　대폭발로 탄생한 우주는 강력한 복사와 고온 고밀도의 물질로 가

　　　　　　　　　　　　　　　내 생애 처음 공부하는 두근두근 천문학

득찼고, 우주 온도가 점차 내려감에 따라 가장 단순한 원소인 수소와 헬륨이 먼저 만들어져 우주공간을 채웠다. 그러나 별을 잉태할 씨앗이 될 수 있는 약간의 밀도 편차가 존재했다.

우주 탄생으로부터 약 2억 년이 지나자 원시 수소가스는 인력의 작용으로 군데군데 덩어리지고 뭉쳐져 **수소구름**을 만들어갔다. 이것이 우주에서 천체라 불릴 수 있는 최초의 물체로서, 별의 씨앗이라 할 수 있다.

이윽고 대우주는 엷은 수소구름들이 수십, 수백 광년 지름의 거대 원자구름으로 채워지고, 이것들이 곳곳에서 서서히 회전하기 시작하면서 거대한 회전원반으로 변해갔다.

수축이 진행될수록 **각운동량 보존 법칙**에 따라 회전 원반체는 점차 회전속도가 빨라지고 납작한 모습으로 변해가며, 수소원자의 밀도도 높아진다. 이윽고 수소구름 덩어리의 중앙에는 거대한 수소 공이 자리잡게 되고, 주변부의 수소원자들은 중력의 힘에 의해 중심부로 낙하한다. 이른바 **중력 수축**이다.

그다음엔 어떤 일들이 벌어지는가? 수축이 진행됨에 따라 밀도가 높아진 분자구름 속에서 기체분자들이 격렬하게 충돌하여 내부 온도는 무섭게 올라간다. 가스 공 내부에 고온 고밀도의 상황이 만들어지는 것이다.

이윽고 온도가 1천만K에 이르면 가스 공 중심에 반짝 불이 켜지게 된다. 수소원자 4개가 만나서 헬륨핵 하나를 만드는 과정에서 질량결손이 일어나고 이것에 의해 에너지가 방출된다. 다시 말해 아인슈타인의 그 유명한 공식 $E=mc^2$에 따라 핵에너지를 품어내는 핵융합 반응이 시작되는 것이다.

중력 수축은 이 시점에서 멈춘다. 가스 공의 외곽층 질량과 중심부 고온 고압이 힘의 평형을 이루어 별 전체가 안정된 상태에 놓이기 때문이다.

그렇다고 금방 빛을 발하는 별이 되는 것은 아니다. 핵융합으로 생기는 에너지가 광자로 바뀌어 주위 물질에 흡수, 방출되는 과정을 거듭하면서 줄기차게 표면으로 올라오는데, 태양 같은 항성의 경우 중심핵에서 출발한 광자가 표면층까지 도달하는 데 얼추 **100만 년** 정도 걸린다. 표면층에 도달한 최초의 광자가 드넓은 우주공간으로 날아갈 때 비로소 별은 반짝이게 되는 것이다. 이것이 바로 **스타 탄생**이다.

지금 이 순간에도 우리은하 곳곳의 성운에서는 별들이 태어나고 있다. 지구에서 가장 가까운 별 생성 영역이 있는 곳은 **오리온자리**다. 약 1600광년 거리에 있는 오리온자리의 거대한 분자구름 가장자리에 빛나는 수소와 먼지로 이루어진 요람 안에는 지금도 아기별들이 태어나고 있거나 태어나려 하고 있는 중이다.

오리온의 허리띠에 해당하는 **삼성**(알니타크, 알릴람, 민타카)의 아래쪽에 희미한 구름처럼 보이는 것이 그 유명한 **오리온 대성운**(M42)이다. 눈으로도 희미하게 볼 수 있는 유명한 가스 성운은 지름이 무려 33광년이나 되는 어마어마한 우주 구름이다. 우리 태양계가 수백만

©NASA/JPL–Caltech

▲ 별이 태어나는 모습의 상상도. 밀도 높은 분자구름 속에서 가스 공이 형성되고 내부 온도가 무섭게 올라가 고온 고밀도의 상황이 만들어진다.

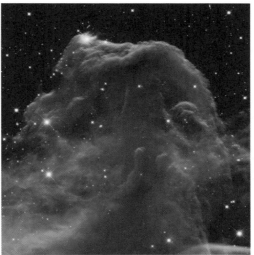

©NASA, ESA, and The Hubble Heritage Team

▲ 오리온 대성운 안에 있는 말머리 성운. 지금도 별들이 태어나고 있는 곳이다.

개는 들어갈 수 있는 공간이다. 이 거대한 성운 속에서는 지금도 젊은 별들이 태어나고 있다.

오리온 대성운 한가운데에서 태어난 별들은 1만K가 넘는 표면온도에서 나오는 강력한 복사와 항성풍으로 주위의 먼지와 가스구름들을 몰아내고 주변을 붉게 물들이면서 성운 내부를 웅숭깊은 동굴처럼 만들고 있다. 별들의 요람이라고 할 수 있는 이 성운 속에 태어난 별들과 태어나고 있는 별들의 수는 3천 개가 넘는다.

이러한 별들은 비교적 성간물질이 많은 은하의 원반 부분에 분포하고 있다. 지름 수백만 광년에 이르는 수소구름들이 곳곳에서 이런 별들을 만들고 하나의 중력권 내에 묶어둔 것이 바로 **은하**다. 우리은하의 **나선팔**을 이루고 있는 수소구름 속에서는 지금도 아기별들이 태어나고 있다. 말하자면 수소구름은 **별들의 자궁**인 셈이다.

별들은 홀로 태어나는 것보다 무리를 지어 태어나는 경우가 많다. 성운 속에서 이렇게 비슷한 시기에 태어나 비슷한 성질을 갖는 별들의 모임을 **성단**이라 한다. 성단은 형태에 따라 산개성단과 구상성단으로 나뉜다.

산개성단은 수백 개에서 수천 개의 비교적 젊은 별들이 느슨한 구조로 모여 있는 반면, **구상성단**은 수만 개에서 수백만 개의 늙은 별들이 공 모양으로 **빽빽하게** 모여 있다. 대표적인 산개성단으로는 겨울철 황소자리의 **좀생이별**(플레이아데스)이 있고, 구상성단으로는 센타우루스자리에 있는 **오메가 센타우리**가 있다.

내 생애 처음 공부하는 두근두근 천문학

▲ 플레이아데스 성단. 좀생이별이라고도 하며, 서양에서는 7개의 밝게 빛나는 별들 때문에 '7공주 별'이
라고도 한다. 겨울철 황소자리에 있으며, 맨눈으로도 볼 수 있다.

별은 왜 둥글며, 서로 부딪히지 않을까

새로 태어난 별들은 크기와 색이 제각각이다. 고온의 푸른색에서
부터 저온의 붉은색까지 걸쳐 있다. 항성의 밝기와 색은 표면온도에
달려 있으며, 근본적인 요인은 질량이다. 질량은 보통 최소 태양의
0.085배에서 최대 20배 이상까지 다양하다. 큰 것은 태양의 수천 배

에 이르는 **초거성**도 있다.

그렇다면 태초의 공간에 최초의 별이 나타난 것은 언제쯤일까? 최근 **플랑크 우주선**으로 우주배경복사를 정밀하게 관측해서 밝혀낸 우주의 물질분포에 의하면, 팽창하는 우주에서 중력에 의해 은하의 씨앗이 생기고 최초의 **1세대 별**, 퍼스트 스타가 탄생한 것은 우주 탄생 후 **2억 년** 무렵으로 생각되고 있다.

우리는 흔히 항성을 **붙박이별** 또는 그냥 별이라고 부르는데, 항성이란 내부에서 핵융합 반응으로 에너지를 만들어 스스로 빛을 내는 천체를 일컫는다. 우리에게 가장 가까운 항성이 바로 태양이다. 태양은 **3세대 별**로 알려져 있다.

우주공간에 최초로 나타난 1세대 별들의 특징은 하나같이 **초거성**이었다는 점이다. 어떤 별은 태양의 수십 배에서 100배에 이르기도 하고, 표면온도는 태양의 20배나 되는 10만K를 웃돌았다고 한다. 별의 빛깔은 표면온도에 좌우되는데, 온도가 높을수록 청백색을 띠게된다. 따라서 1세대 별들은 거의가 청백색으로 밝게 빛났다. 그리고 밝기는 태양의 수만 배에서 100만 배에 이르렀다.

그러나 별은 덩치가 커질수록 수명은 기하급수적으로 짧아진다. 태양은 100억 년 정도 살지만, 이들 1세대 별은 300만 년 정도 사는 게 고작이었다.

여담이지만, 모든 별은 왜 공처럼 둥글며 서로에게 끌려가지 않는 걸까? 그 답은 중력과 원심력에 있다. 별의 모든 원소들을 중력이 끌

내 생애 처음 공부하는 두근두근 천문학

어당겨 서로 가장 가깝게 만들 수 있는 모양이 바로 구球이기 때문이다. 지름 500km 이상의 천체에서는 중력이 지배적 힘으로 작용해 자기 몸을 공처럼 주물러 둥그렇게 만들어버린다.

왜 별들은 서로 끌려가지 않을까? 이것은 뉴턴도 많이 고민한 문제였다. 중력은 인력으로만 작용하므로 뉴턴의 만유인력은 결국 우주의 모든 별들을 한데 뭉치게 해야 한다. 그런데 우주는 건재하다. 뉴턴은 그 수수께끼를 결국 풀지 못했다.

그 정답은 원심력이다. 별도 우리 태양계와 마찬가지로 은하의 중심핵 주위를 돌고 있는 것이다. 뉴턴이 답을 못 찾은 것은 당시에는 은하의 존재 자체를 몰랐기 때문이다. 달이 지구로 떨어지지 않는 것역시 지구 주위를 돌고 있어서이다. 그 회전운동에서 나오는 원심력이 중력을 상쇄하는 것이다. 은하 사이의 거리를 떼어놓는 우주팽창이 은하끼리의 충돌을 막아준다.

원소를 제조하는 우주의 주방

우주를 만드는 기본 구조물은 은하이지만, 은하를 만드는 것은 별들이다. 별은 말하자면 집을 짓는 데 쓰이는 벽돌과도 같은 존재로, 우주의 비밀을 푸는 열쇠이기도 하다.

빅뱅 우주공간에서 만들어진 수소와 헬륨을 뺀 모든 원자들은 별이 만들어낸 것들이다. 그래서 천문학자들은 별을 우주의 주방이라고 말한다. 천문학자들에게 별은 물리학자들의 입자, 생물학자들의 세포와 같은 것이다.

별의 원소 제조법은 간단하다. 높은 온도와 압력으로 원자핵 속에 양성자와 중성자 같은 핵자들을 박아넣는 핵융합이 그 비결이다. 수소 공에서 태어난 별들의 중심부에서는 지속적인 핵융합 반응이 일어난다. 맨 처음 수소를 태워 헬륨을 만들고, 그다음으로는 헬륨을 태우는 식으로 탄소, 산소, 네온, 마그네슘 등등, 원소번호 순서대로 원소들을 만들어가면서 에너지를 생산하여, 짧게는 몇 백만 년에서 길게는 몇 백억 년까지 산다.

그러는 동안 별의 내부에는 무거운 원소층들이 양파껍질처럼 켜켜이 쌓여간다. 핵융합 반응은 마지막으로 별의 중심에 원자번호 26인 철을 남기고 끝난다. 철은 가장 안정된 원소로 더 이상 핵융합을 하지 않기 때문이다.

우주에 존재하는 원소의 기원을 설명하기 위해 빅뱅 이론을 개척한 **조지 가모프**는 "오리와 감자 한 접시를 요리하는 것보다 더 짧은 시간에 원소들이 요리되었다"고 큰소리쳤지만, 빅뱅에 의한 핵합성은 **헬륨**이나 **리튬** 같은 몇 가지 가벼운 원소의 생성을 설명하는 데 그쳤을 뿐, 생명체를 구성하는 데 필수적인 **탄소**나 **산소** 같은 원소 생성을 설명하는 데는 실패했다.

더 무거운 원소를 만들려면 더 높은 온도가 필요했지만 우주는 팽

내 생애 처음 공부하는 두근두근 천문학

창으로 인해 빠르게 식어가고 있었고, 가벼운 헬륨핵이 더욱 무거운 원자핵으로 변환되기 위해 거쳐야 할 중간단계의 원자핵이 합성되지 못했기 때문이다.

문제는 3개의 헬륨을 하나의 원소로 변환시키는 경로가 존재하는가 하는 것이었다. 이 험준한 문제에 돌파구를 연 사람은 놀랍게도 빅뱅 이론의 반대편에 섰던 정상 우주론자 **프레드 호일**이었다.

별의 원자핵 합성을 연구했던 호일은 이른바 **인간원리**anthropic principle를 굳게 믿는 사람으로서 이 문제의 해결에 뛰어들었다. 인간원리란 한마디로, "여기서 우리는 우주를 바라보고 있다. 따라서 우주의 법칙은 우리의 존재를 설명할 수 있어야 한다"는 것이다. 보다 강력한 인간원리도 있는데, 다음과 같다.

우리가 하필 왜 이런 우주에서 살게 되었는가 하는 것은, 이런 우주가 아니었다면 우주를 사색하는 우리 같은 존재가 없었을 것이기 때문이다.

때문에 호일은 별이 일생의 마지막 단계에서 내부의 상태가 극적으로 변하면서 핵융합에 필요한 조건을 반드시 만들어낼 것이라고 믿었다. 그리고 오랜 노력 끝에 마침내 **탄소**가 튀어나오는 경로를 알아내기에 이르렀다. 이리하여 호일은 우주론의 가장 큰 쟁점의 하나였던 **원자핵 합성 문제**에 대한 거의 완전한 해답을 찾아냈다. 탄소의 합성을 밝혀낸 것은 우주의 모든 **중원소重元素**들을 만들어내는 핵반

응의 시작을 확인한 쾌거였다.

원자핵 합성이 완전히 밝혀진 덕택으로 빅뱅 이론의 승리가 굳어졌지만, 논적이었던 호일의 도움이 결정적인 역할을 한 것은 아이러니라 하겠다. 가모프는 자신의 빅뱅 이론에 가장 강력한 반대자였던 호일과 그의 업적을 존경했고, 자신이 쓴 「창세기」라는 글에서 다음과 같은 말로 호일을 상찬했다.

그리고 하나님이 말씀하셨다. 호일이 있으라. 호일이 있었다. 하나님은 호일을 보시고 그에게 좋아하는 방법으로 원소를 만들라고 말씀하셨다. 호일은 별에서 무거운 원소를 만들어 초신성 폭발을 통해 그것을 주변에 흩어놓기로 했다.

내 생애 처음 공부하는 두근두근 천문학

하늘엔
88번지까지 있다

별자리를 최초로 만든 건 누구?

별자리를 의미하는 한자어 **성좌**星座는 한마디로 하늘의 번지수다. 하늘의 번지수는 88번지까지 있다. 별자리 수가 남북반구를 통틀어 88개 있다는 말이다. 이 **88개 별자리**로 하늘은 빈틈없이 경계지어져 있다.

예로부터 별자리는 여행자와 항해자의 길잡이였고, 야외생활을 하는 사람들에게는 밤하늘의 거대한 시계였다. 지금도 이 별자리로 인공위성이나 혜성을 추적한다. 예전엔 천체관측에 나서려면 별자리 공부부터 해야 했지만, 요즘에는 별자리 어플을 깐 스마트폰을 밤하늘에 겨누면 별자리와 별의 이름까지 가르쳐주니 별자리 공부 부담은 덜게 되었다.

그럼 별자리는 누가 최초로 만들었을까? 옛날 사람들 중 틀림없이 밤잠이 없었던 사람들이었을 것이다. 그렇다. 별자리의 원조는 옛날 중근동 아시아에서 양을 치던 사람들이었다. 근동의 티그리스 강과 유프라테스 강 유역에서 양떼를 기르던 유목민 **칼데아인**이 바로 그 주인공이다. 그래서 별자리 이름을 보면 염소니, 황소니, 양이니 하는 짐승 이름들이 대세다. 처녀자리는 예외지만.

칼데아 유목민이 동물을 좋아한 데 비해 그리스인들은 신화를 무척 좋아했던 모양이다. 그래서 별자리 이름에도 신화 속의 신과 영웅, 동물들의 이름이 붙여졌다. 세페우스, 카시오페이아, 안드로메다, 큰곰 등의 별자리가 그러한 예들이다.

서기 2세기경 **프톨레마이오스**란 사람이 그리스 천문학을 몽땅 수집해 천동설을 기반으로 하여 체계를 세운 천문학 저서 『알마게스트』가 등장하게 되었는데, 여기에는 북반구의 별자리를 중심으로 48개의 별자리가 실려 있고, 이 별자리들은 그후 15세기까지 유럽에 널리 알려졌다. 15세기 이후에는 원양항해의 발달에 따라 남반구 별들도 많이 관찰되어 새로운 별자리들이 보태졌다. 공작새·날치자리 등 남위 50도 이남의 대부분 별자리가 이때 만들어졌다.

지금처럼 88개의 별자리로 온 하늘을 빈틈없이 구획정리한 것은 비교적 최근이라 할 수 있는 1930년의 일이다. 그때까지 별자리 이름이 곳에 따라 다르게 사용되고, 그 경계도 통일되지 않아 불편함이 많았다.

그래서 **국제천문연맹**(IAU) 총회에서 온 하늘을 88개의 별자리로 나누고, 황도를 따라 12개, 북반구 하늘에 28개, 남반구 하늘에 48개의 별자리를 각각 정하고, 종래 알려진 별자리의 주요 별이 바뀌지 않는 범위에서 천구상의 적경·적위에 평행한 선으로 경계를 정했다. 이것이 현재 쓰이고 있는 별자리이며 이중 우리나라에서 볼 수 있는 별자리는 **67개**다.

별은 매일 이동하고 있다

별자리로 묶인 별들은 사실 서로 별 연고가 없는 사이다. 거리도 다 다른 3차원 공간에 있는 별들이지만, 지구에서 밤하늘을 2차원 평면처럼 간주해 억지로 묶어놓은 것에 지나지 않은 것이다.

또한 별의 밝기를 정한 등급도 절대등급이 아니라 겉보기등급이다. 별의 밝기를 처음으로 수치를 이용해 나타낸 사람은 기원전 2세기 그리스의 천문학자 **히파르코스**였다. 그는 눈에 보이는 별 중 가장 밝은 별들을 1등급, 즉 **1등성**으로 하고, 가장 어두운 별을 **6등성**으로 정했다. 그리고 그 중간 밝기에 속하는 별들을 밝기 순서에 따라 2등성, 3등성으로 나누었다. 1등성은 6등성에 비해 **100배** 밝은 별이다. 그런데 실제 별

▶ 별자리의 대표선수 오리온자리. 왼쪽 위의 1등성이 초거성 베텔게우스로 조만간에 초신성 폭발을 일으킬 것이라고 한다. 겨울철 남쪽 하늘에서 볼 수 있다.

©wikimedia, GFDL

관측에서는 1등성보다 밝은 별들도 모두 1등성에 포함시켜, −1.47등성인 큰개자리의 **시리우스**도 1등성으로 친다.

별들은 지구의 자전과 공전에 의해 일주운동과 연주운동을 한다. 따라서 별자리들은 일주운동으로 한 시간에 약 15도 동에서 서로 이동하며, 연주운동으로 하루에 약 1도씩 서쪽으로 이동한다. 다음날 같은 시각에 보는 같은 별자리도 어제보다 1도 서쪽으로 이동해 있다는 뜻이다. 때문에 계절에 따라 보이는 별자리 또한 다르다. 우리가 흔히 계절별 별자리라 부르는 것은 그 계절의 **저녁 9시경**에 잘 보이는 별자리들을 말한다. 별자리를 이루는 별들에도 번호가 있다. 가장 밝은 별로 시작해서 알파(α)별, 베타(β)별, 감마(γ)별 등으로 붙여나간다.

언젠가 별자리도 바뀔 것이다

1등성은 북반구, 남반구 하늘을 모두 합쳐 **21개**가 있으며, 1등성을 품고 있는 별자리는 모두 **18개**다. 우리나라에서 볼 수 있는 1등성 이상 밝은 별은 **15개**가 있으며, 그중 북반구에서는 오리온자리만이 1등성 2개를 품고 있는데, 바로 **리겔**과 **베텔게우스**다.

마지막으로, 만고에 변함없이 보이는 별자리도 사실 오랜 시간이 지나면 그 모습을 바꾼다. 별자리를 이루는 별들은 저마다 거리가 다를 뿐만 아니라, 1초에도 수십에서 수백km의 빠른 속도로 제각기 움직이고 있다. 다만 별들이 너무 멀리 있기 때문에 그 움직임이 눈에 띄지 않을 뿐이다. 그래서 고대 그리스에서 별자리가 정해진 이후 별자리의 모습은

내 생애 처음 공부하는 두근두근 천문학

거의 변하지 않았다. 별의 위치는 2천 년 정도의 세월에도 거의 변화가 없었다는 것을 말해준다.

하지만 더 오랜 세월, 20만 년 정도가 흐르면 하늘의 모든 별자리들이 완전히 달라지게 될 것이다. **북두칠성**은 더 이상 아무것도 퍼담을 수 없을 정도로 찌그러진 됫박 모양이 되며, **북극성**은 서기 1만 4천 년이 되면 거문고자리의 직녀성(베가)에게 북극성 이름을 물려주게 될지도 모른다.

그렇다고 별자리마저 덧없다고 여기지는 말자. 기껏해야 100년을 못 사는 인간에겐 그래도 별자리는 만고불변의 하늘 지도이고, 우리를 우주로 안내해줄 첫 길라잡이니까.

별들의 일생을 들려주는 도표

천문학에 조금이라도 관심 있는 사람이라면 누구나 한 번쯤은 보았을 그림표. 천문학 책에서 가장 유명한 도표를 들라면 단연 **헤르츠스프룽-러셀 도표**일 것이다.

항성의 진화를 얘기할 때 언제나 등장하는 이 그림표는 덴마크의 **아이나르 헤르츠스프룽**(1873~1967)과 미국의 **헨리 러셀**(1877~1957)이 만든 것으로, 줄여서 **H-R도표**라고도 한다. 두 사람이 제1차 세계대전이 일어나기 전 독자적인 연구를 통해 개발한 도표라 두 사람 이름이 같이 들어갔다.

이 도표는 한마디로 별들의 라이프 스토리라 할 수 있는데, 별의 등급과 항성의 진화, 쉽게 말해 별의 일생을 보여주는 것이다. 천문학자들은 이 도표를 이용하여 항성을 분류하고 별의 내부 구조나 진화의 과정을 조사한다.

별이 수소를 융합하여 헬륨을 만드는 과정은 항성 진화의 역사에서 최초이자 최장의 단계를 차지한다. 항성의 생애 중 99%를 점하는 이 긴 기간을 통해 H-R도표의 주계열성* 자리를 차지하는 별의 겉모습은 거의 변하지 않는다. 태양이 50억 년 동안 변함없이 빛나는

----

* H-R도표의 왼쪽 위에서 시작하여 오른쪽 아래에 이어지는 대각선 방향의 휘어진 띠 안에 분포하는 별들. 수소 핵융합 반응으로 에너지를 안정적으로 발산하며 대부분의 별들이 이 단계에서 80~90%를 보낸다.

내 생애 처음 공부하는 두근두근 천문학

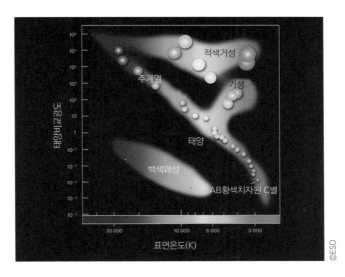

▲ 헤르츠스프룽-러셀 도표. 별들의 라이프 스토리를 들려준다. 태양은 주계열(main sequence) 선상인 중앙에 있다. 여기서 생애의 99%를 보낸다.

것도 그러한 이유에서다.

젊은 별은 H-R도표의 주계열 선상 중 한 곳에 위치하게 된다. 작고 차가운 **적색왜성**들은 수소를 천천히 태우면서 주계열 선상에 길게는 수조 년까지 머무른다. 반면 무거운 **초거성**들은 수백만 년밖에 머무르지 못한다. 태양처럼 중간 질량의 항성은 100억 년 정도 머무른다. 일생의 절반 정도를 보낸 태양은 현재 주계열성 상태다. 한 항성이 자신의 중심핵에 있던 수소를 다 소진하면, 주계열을 떠나기 시작한다.

태양보다 50배 정도 무거운 별은 핵연료를 300만~400만 년 만에 다 소모해버리지만, 작은 별은 수백억, 심지어 수천억 년 이상 살기도 한다. 그러니 덩치 크다고 자랑할 일만은 아닌 것 같다.

별의 연료로 쓰이는 중심부의 수소가 다 바닥나면 어떻게 될까? 별의 중심핵 맨 안쪽에는 핵폐기물인 헬륨이 남고, 중심핵의 겉껍질에서는 수소가 계속 타게 된다. 이 수소 연소층은 서서히 바깥으로 번져나가고 헬륨 중심핵은 점점 더 커진다.

이 헬륨핵이 커져 별 자체의 무게를 지탱하던 기체 압력보다 헬륨핵의 중력이 더 커지면 헬륨핵이 수축하기 시작하고, 이 중력 에너지로부터 열이 나와 바깥 수소 연소층으로 보내지면 수소는 더욱 급격히 타게 된다. 이때 별은 비로소 나이가 든 첫 징후를 보이기 시작하는데, 별의 외곽부가 크게 부풀어오르면서 벌겋게 변하기 시작하여 원래 별의 100배 이상 팽창한다. 이것이 바로 **적색거성**이다.

60억 년 후 태양이 이 단계에 이를 것이다. 그때 태양은 지구 온도를 2천K까지 끌어올리고, 수성과 금성, 지구 궤도에까지 팽창해 세 행성을 집어삼킬 것이다.

별은 수소가 다 탕진될 때까지 적색거성으로 살아가다가, 이윽고 수소가 다 타버리고 나면 스스로의 중력에 의해 안으로 무너져내린다. 적색거성의 붕괴다.

붕괴하는 별의 중심부에는 헬륨 중심핵이 존재한다. 중력 수축이 진행될수록 내부의 온도와 밀도가 계속 올라가고 헬륨 원자들 사이의 간격이 좁아진다. 마침내 1억K가 되면 헬륨 핵자들이 밀착하여 충돌하고 핵력이 발동하게 된다. 수소가 타고 남은 재에 불과했던 헬륨에 다시 불이 붙는 셈이다. 헬륨 원자핵 셋이 융합해 탄소 원자핵이 되는 과정에서 핵에너지를 품어내는 핵융합이 일어나는 것이다. 이렇게 항성의 내부에 다시 불이 켜지면 진행되던 붕괴는 중단되고 항성은 헬륨을 태워 그 마지막 삶을 시작한다.

태양 크기의 항성이 헬륨을 태우는 단계는 약 1억 년 동안 계속된다. 헬륨 저장량이 바닥나고 항성 내부는 탄소로 가득차게 된다. 모든 항성이 여기까지는 비슷한 삶의 여정을 밟는다.

마지막을 맞이하는 별의 운명

하지만 그다음의 진화 경로와 마지막 모습은 다 같지 않다. 그것을 결정하는 것은 오로지 한 가지, 그 별이 갖고 있는 **질량**이다. 태양 질량의 8배 이하인 작은 별들은 조용한 임종을 맞지만, 그보다 더 무거운 별들에게는 매우 다른 운명이 기다리고 있다.

작은 별은 두 번째의 수축으로 온도 상승이 일어나지만, 탄소 원자핵의 융합에 필요한 3억K의 온도에는 미치지 못한다. 하지만 두 번째의 중력 수축에 힘입어 얻은 고온으로 마지막 단계의 핵융합을 일으켜 별의 바깥 껍질을 우주공간으로 날려버린다. 이때 태양의 경우,

자기 질량의 거의 절반을 잃어버린다. 태양이 뱉어버린 이 허물들은 태양계의 먼 변두리, 해왕성 바깥까지 뿜어져나가 찬란한 쌍가락지를 만들어놓을 것이다. 이것이 바로 **행성상 성운**으로, 생의 마지막 단계에 들어선 별의 모습이다.

이 별의 중심부는 탄소를 핵융합시킬 만큼 뜨겁지는 않으나 표면의 온도는 아주 높기 때문에 희게 빛난다. 곧, 행성상 성운 한가운데 자리하는 **백색왜성**이 되는 것이다. 이 백색왜성도 수십억 년 동안 계속 우주공간으로 열을 방출하면 끝내는 온기를 다 잃고 까맣게 탄 시체처럼 시들어버린다. 그리고 마지막에는 빛도 꺼지고 하나의 **흑색왜성**이 되어 우주 속으로 영원히 그 모습을 감추어버리는 것이다.

태양의 경우 크기가 지구만 한 백색왜성을 남기는데, 애초 항성 크기의 100만분의 1의 공간 안에 물질이 압축되는 것이다. 이 초밀도의 천체는 찻술 하나의 물질이 1톤이나 된다. 인간이 이 별 위에 착륙한다면 5만 톤의 중력으로 즉각 분쇄되고 말 것이다.

태양보다 8배 이상 무거운 별들의 죽음은 장렬하다. 이러한 별들은 속에서 핵융합이 단계별로 진행되다가 이윽고 규소가 연소해서 철이 될 때 중력붕괴가 일어난다. 이 최후의 붕괴는 참상을 빚어낸다. 초고밀도의 핵이 중력붕괴로 급격히 수축했다가 다시 강력히 반발하면서 장렬한 폭발로 그 일생을 마감하는 것이다. 이것이 이른바 **슈퍼노바**Supernova, 곧 **초신성 폭발**이다.

거대한 별이 한순간의 폭발로 자신을 이루고 있던 온 물질을 우주공간으로 폭풍처럼 내뿜어버린다. 수축을 시작해서 대폭발하기까지의 시간은 겨우 몇 분에 지나지 않는다. 수천만 년 동안 빛나던 대천체의 임종으로서는 지극히 짧은 셈이다.

이때 태양 밝기의 수십억 배나 되는 광휘로 우주공간을 밝힌다. 빛의 강도는 수천억 개의 별을 가진 온 은하가 내놓는 빛보다 더 밝다. 우리은하 부근이라면 대낮에도 맨눈으로 볼 수 있을 정도로, 초신성 폭발은 우주 최대의 드라마다. 그러나 사실은 신성이 아니라 늙은 별의 임종인 셈이다. 만약 이런 초신성이 태양계에서 몇 광년 떨어지지 않는 곳에서 폭발한다면 지구상의 모든 생명체는 씻은 듯이 사라지고 말 것이다.

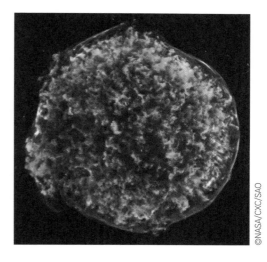

▲ 튀코의 별로 불리는 초신성 잔해. 덴마크의 천문학자 튀코 브라헤가 1572년 카시오페이아 자리에서 발견했다.

이처럼 큰 별들은 생을 다하면 폭발하여 우주공간으로 흩어지고, 그 잔해들을 재료 삼아 또 다른 은하로 회생하는 윤회를 거듭하는 것이다.

금이 철보다 비쌀 수밖에 없는 이유는?

어쨌든 장대하고 찬란한 별의 여정은 대개 이쯤에서 끝나지만, 그 후일담이 어쩌면 우리에게 더욱 중요할지도 모른다. 삼라만상을 이루고 있는 **92개의 자연원소** 중 철보다 가벼운 원소들은 수소와 헬륨 외엔 모두 별 속에서 만들어진 것이다.

그럼 철 이외의 중원소들은 어떻게 만들어졌을까? 바로 초신성 폭발 때 엄청난 고온과 고압으로 순식간에 만들어진 것이다. 이것이 바로 초신성의 **연금술**이다.

대폭발의 순간 몇 조K에 이르는 고온 상태가 만들어지고, 이 온도에서 붕괴되는 원자핵이 생기고 해방된 중성자들은 다른 원자핵에 잡혀 은, 금, 우라늄 같은 더 무거운 원소들을 만들게 된다. 이 같은 방법으로 주기율표에서 철 이외의 **중원소**들이 항성의 마지막 순간에 제조되는 것이다.

이리하여 항성은 일생 동안 제조했던 모든 원소들을 대폭발과 함께 우주공간으로 날려보내고 오직 작고 희미한 백열(고온에서 흰색의

내 생애 처음 공부하는 두근두근 천문학

빛을 띠는 상태)의 핵심만 남긴다. 이것이 바로 지름 20km 정도의 초고밀도 **중성자별**로, 각설탕 하나 크기의 양이 1억 톤이나 된다.

한편, 중심핵이 태양의 2배보다 무거우면 중력 수축이 멈추어지지 않아 별의 물질이 한 점으로 떨어져 들어가면서 마침내 빛도 빠져나올 수 없는 블랙홀이 생겨난다.

블랙홀black hole이란 글자 그대로 **검은 구멍**을 뜻하며, 좀 더 과학적으로 표현하면 '중력장이 극단적으로 강한 천체'로 주위의 어떤 물체든지 흡수해버리는 별이다. 일단 블랙홀의 경계면, 곧 **사건 지평선** 안쪽으로 삼켜진 물질은 결코 바깥으로 탈출할 수가 없다. 심지어 초속 30만km인 빛조차도 블랙홀을 벗어날 수 없다.

블랙홀 내부의 중심에는 밀도가 무한대인 **특이점**이 존재하는데, 중력의 고유 세기가 무한대로 발산하는 시공의 영역으로, 여기서는 모든 물리법칙이 붕괴된다. 따라서 인과적 관계가 성립하지 않는다. 퍼스트 스타가 남긴 블랙홀의 크기는 약 30km로 알려져 있으며, 질량은 태양의 10배 정도라 한다. 지금도 우주에서는 계속 블랙홀들이 만들어지고 있는데, 태양의 20배 이상 되는 질량의 거성은 그 일생의 마지막에 초신성 폭발을 일으킨 후 블랙홀을 남긴다.

어쨌든 연금술사들이 그토록 염원하던 **연금술**은 초신성 같은 대폭발이 없이는 불가능한 것이다. 지구상에서는 이루어질 수 없는 일을 가지고 그들은 숱한 고생을 한 셈이다. 그중에는 인류 최고 천재 **뉴턴**도 끼어 있다. 사실 뉴턴은 수학이나 물리보다 연금술에 더 많은 시간과 노력을 쏟아부었다고 한다.

초신성 폭발 때 순간적으로 만들어지는 만큼 중원소들은 많이 만들어지지 않는다. 바로 이것이 금이 철보다 비싼 이유다. 여러분의 손가락에 끼워져 있는 금반지의 금은 두말할 것도 없이 초신성 폭발에서 나온 것으로, 지구가 만들어질 때 섞여들어 금맥을 이루고, 그것을 광부가 캐어내 가공한 후 금은방을 거쳐 여러분의 손가락을 장식하게 된 것이다.

우리는 모두 별의 자녀들이다

이처럼 적색거성이나 초거성들이 최후를 장식하면서 우주공간으로 뿜어낸 별의 잔해들은 성간물질이 되어 떠돌다가 다시 같은 경로를 밟아 별로 환생하기를 거듭한다. 말하자면 별의 윤회다.

그런데 이보다 더 중요한 것은, 인간의 몸을 구성하는 모든 원소들, 곧 피 속의 철, 치아 속의 칼슘, DNA의 질소, 갑상선의 요오드 등 원자 알갱이 하나하나는 모두 별 속에서 만들어졌다는 사실이다. 수십억 년 전 초신성 폭발로 우주를 떠돌던 별의 물질들이 뭉쳐져 지구를 만들고, 이것을 재료 삼아 모든 생명체들과 인간을 만든 것이다.

이건 비유가 아니라, 과학이고 사실 그 자체다. 그러므로 우리는 알고 보면 어버이 별에게서 몸을 받아 태어난 별의 자녀들인 것이다.

말하자면 우리는 **별먼지**로 만들어진 **메이드 인 스타**made in stars인
셈이다.

이것이 바로 별과 인간의 관계, 우주와 나의 관계다. 이처럼 우리는
우주의 부산물이다. 그래서 우리은하의 크기를 최초로 잰 미국의 천문
학자 **할로 섀플리**는 이렇게 말했다. "우리는 뒹구는 돌들의 형제요 떠
도는 구름의 사촌이다." 바로 우리 선조들이 말한 **물아일체**物我一體다.

인간의 몸을 구성하는 원자의 3분의 2가 수소이며, 나머지는 별 속

▲ 동백꽃과 직박구리. 초신성 폭발이 없었다면 동백꽃을 따먹는 직박구리도, 그것을 지켜보는 나도 없었
을 것이다. 새들도 우리처럼 초신성 잔해에서 받은 원소에서 생명을 얻은 것이다.

에서 만들어져 초신성이 폭발하면서 우주에 뿌려진 것이다. 이것이 수십억 년 우주를 떠돌다 지구에 흘러들었고, 마침내 나와 새의 몸속으로 흡수되었다. 그리고 그 새의 지저귀는 소리를 별이 빛나는 밤하늘 아래서 내가 듣는 것이다. 별의 죽음이 없었다면 여러분과 나 그리고 새는 존재하지 못했을 것이다.

우주공간을 떠도는 수소 원자 하나, 우리 몸속의 산소 원자 하나에도 100억 년 우주의 역사가 숨쉬고 있다. 따지고 보면, 우리 인간은 138억 년에 이르는 우주적 경로를 거쳐 지금 이 자리에 존재하게 된 셈이다. 이처럼 우주가 태어난 이래 오랜 여정을 거쳐 여러분과 우리 인류는 지금 여기 서 있다. 우주의 오랜 시간과 사랑이 우리를 키워온 것이라 할 수 있다.

이런 마음으로 오늘밤 바깥에 나가 하늘의 별을 보면 어떨까. 저 아득한 높이에서 반짝이는 별들에게 그리움과 사랑스러움을 느낄 수 있다면, 여러분은 진정 우주적인 사랑을 가슴에 품은 사람이라 할 수 있다.

평생 함께 별을 관측하다가 나란히 묻힌 어느 두 별지기의 묘비에 이런 글이 적혀 있다고 한다. "우리는 별들을 무척이나 사랑한 나머지 이제는 밤을 두려워하지 않게 되었다."

별빛이
이렇게 심오하다니!

우주를 가르쳐준 것은 별빛이다

"천문학은 구름 없는 밤하늘에서 탄생했다"는 말이 있다. 구름이 없어야 별을 볼 수 있기 때문이다. 우리가 현재 우주에 대해 알고 있는 거의 모든 지식은 알고 보면 별들이 가르쳐준 것이다.

만약 밤하늘에 별들이 없다면 세상은 얼마나 적막할 것인가. 수천, 수만 광년의 거리를 가로질러 우리 눈에 비치는 이 별빛이야말로 참으로 심오한 존재다.

별에 대해 꼭 기억해야 할 점은 오늘날 우리가 가지고 있는 천문학과 우주에 관한 지식은 그 대부분이 별빛이 가져다준 것이란 점이다. 우주의 모든 정보들은 별빛 속에 담겨 있었던 것이다. 우리는 별빛으로 별과의 거리를 재고, 별빛을 분광기로 분석하여 특정 원자가 내는 스펙트럼으로 그 별을 이루고 있는 성분을 알아낼 수 있다. 또한 우리은하의 모양과 크기를 가르쳐준 것도 그 별빛이요, 우주가 빅뱅으로 출발하여 지금 이 순간에도 계속 팽창하고 있다는 사실을 인류에게 알려준 것도 따지고 보면 별빛이 아닌가.

그뿐 아니다. 따지고 보면 인류에게 광속을 알려준 것도 별빛이었다. 지구-태양 간 거리, 곧 1천문단위(AU)는 1억 5천km다. 이 먼 거리를 빛은 8분 20초 만에 주파한다. 이 빠른 빛이 1년간 달리는 거리를 **1광년**이라 한다. 미터법으로는 약 10조km쯤 된다.

1669년 루이 14세의 초청으로 파리 천문대 초대 대장이 된 천문학자 **조반니 카시니*** 시대에 이르도록 빛이 입자인지 파동인지, 또는 속도가 있는지, 속도가 있다면 무한대인지 알려지지 않았다. 위성이기는 하지만 인류에게 빛이 속도가 있다는 사실을 알려준 것도 역시 '별빛'이었다.

카시니는 제자인 덴마크 출신 **올레 뢰머**에게 목성의 위성을 관측하는 임무를 맡겼는데, 1675년부터 목성에 의한 위성의 식蝕을 관측하던 올레는 식에 걸리는 시간이 지구가 목성과 가까워질 때는 이론값에 비해 짧고, 멀어질 때는 길어진다는 사실을 알게 되었다. 목성의 제1위성 **이오**의 식을 관측하던 중 이오가 목성에 가려졌다가 예상보다 22분이나 늦게 나타났던 것이다. 바로 그 순간, 그의 이름을 불멸의 존재로 만든 한 생각이 번개같이 스쳐지나갔다. "이것은 빛의 속도 때문이다!"

이오가 불규칙한 속도로 운동한다고 볼 수는 없었다. 그것은 분명 지구에서 목성이 더 멀리 떨어져 있을 때, 그 거리만큼 빛이 달려와야 하기 때문에 생긴 시간차였다. 뢰머는 빛이 지구 궤도의 지름을 통과하는 데

----

*   조반니 카시니(1625~1712)는 이탈리아 출신의 프랑스 천문학자로 목성·화성의 자전 주기를 측정했으며, 토성 고리의 틈(카시니 틈)과 4개의 위성을 발견하고, 화성과 태양의 거리를 재는 등 많은 업적을 남겼다.

내 생애 처음 공부하는 두근두근 천문학

22분이 걸린다는 결론을 내렸으며, 지구 궤도 반지름은 당시 카시니에 의해 1억 4천만km로 밝혀져 있는 만큼 빛의 속도 계산은 어려울 게 없었다.

그가 계산해낸 빛의 속도는 초속 21만 4,300km였다. 오늘날 측정치인 29만 9,800km에 비해 28%의 오차를 보이지만, 당시로 보면 놀라운 정확도였다. 무엇보다 빛의 속도가 무한하다는 기존의 주장을 뒤집고 빛의 속도는 유한하다는 사실을 최초로 증명한 것이 커다란 과학적 성과였다. 이는 물리학에서 획기적인 기반을 이룩한 쾌거였다. 1676년 광속 이론을 논문으로 발표한 뢰머는 하루아침에 광속도 발견으로 과학계의 스타로 떠올랐다.

▶ 목성과 갈릴레오 위성을 합성하여 만든 크기 비교 사진. 위에서부터 아래로 이오, 유로파, 가니메데, 칼리스토. 이들 목성의 4대 위성은 갈릴레오가 발견했다 하여 갈릴레오 위성으로 불린다.

©NASA/JPL/DLR

오랜 수수께끼였던 별의 정체

교수가 된 유리 연마공

뉴턴의 물리학이 등장한 후 사람들은 지상의 물리학이 천상의 세계에도 그대로 통한다는 사실을 확인하게 되었다. 태양과 천체들은 지구 물질과는 전혀 다른 것으로 이루어져 있다는 아리스토텔레스의 말은 더 이상 효력을 가질 수 없었다. 천문학자들은 태양의 크기와 거리를 측량했고, 만유인력 방정식으로 그 질량을 알아냈다. 자그마치 지구 질량의 130만 배였다.

여기서 당연한 의문이 제기된다. 태양을 이루고 있는 물질은 무엇일까? 무엇이 저렇게 엄청난 에너지를 뿜어내고 있는가? 만유인력의 법칙이 우주의 모든 천체에 보편적으로 적용된다손 치더라도, 그것만으로 이들이 모두 똑같은 기본물질로 이루어져 있다는 것을 증명할 수는 없다. 방법은 하나밖에 없는 듯이 보였다. 직접 그 천체의 일부를 채취해 와서 화학적으로 분석해보는 것이다. 하지만 그것은 불가능한 일이었다.

그래서 1835년, 프랑스의 실증주의 철학자 콩트는 다음과 같이 말했다. "과학자들이 지금까지 밝혀진 모든 것을 가지고 풀려고 해도 절대 해명할 수 없는 수수께끼가 있다. 그것은 별이 무엇으로 이루어져 있는가 하는 문제다."

그러나 결론적으로, 이 철학자는 좀 신중하지 못했다. '절대 해명할 수 없다'라는 말은 참 위험한 말이다. 콩트가 죽은 지 2년 만인 1859년, 독일 물리학자 **구스타프 키르히호프**(1824~1887)가 태양광 스펙트럼 연구를 통해, 태양이 나트륨, 마그네슘, 철, 칼슘, 동, 아연과 같은 매우 평범한 원소들을 함유하고 있다는 사실을 발견했다. 인간이 '빛'의 연구를 통해 영원히 닿을 수 없는 곳의 물체까지도 무엇으로 이루어졌는지 알아낼 수 있게 된 것이다.

키르히호프의 스펙트럼을 얘기하기 전에 어느 불우한 유리 연마공의 인생 이야기에 잠시 귀 기울여봐야 한다. 왜냐하면 이 무학의 유리 연마공이 이미 한 세대 전에 키르히호프의 길을 닦아놓았기 때문이다. 그가 **요제프 프라운호퍼**(1787~1826)다.

무학의 유리공 출신인 프라운호퍼는 1806년 열아홉 살 때 한 기계 연구소에 광학기사로 들어갔다. 거기서 그는 망원경 제작에 투입되어 질 좋은 렌즈 제작에 전념했다. 당시 광학은 뉴턴 시대보다 진보되었으나, 질 좋은 색지움 렌즈*는 여전히 개발되지 않은 상태였다.

광학과 수학을 독학으로 공부하여 빛의 회절현상을 처음으로 연구해 빛의 파장을 계산해낸 프라운호퍼는 스펙트럼의 색들이 유리의

▲◀ 프라운호퍼와 그가 만든 분광기. 프라운호퍼선의 발견은 19세기 천문학상 최대의 발견으로 꼽힌다.

▲▶ 키르히호프. 모든 원소는 고유의 프라운호퍼선을 갖는다는 사실을 발견, 원소의 지문을 밝혀냄으로써 천상의 물질이 무엇으로 이루어져 있는지 알게 되었다.

---

* 성분이 다른 렌즈를 여러 장 조합하여 각각의 렌즈의 색수차가 상쇄되도록 한 조합 렌즈계를 말한다. 색수차란 대상의 주변에 무지갯빛으로 번져 보이는 현상이다. 색지움 렌즈가 개발됨으로써 렌즈의 색수차를 상당히 보정할 수 있게 되었다.

내 생애 처음 공부하는 두근두근 천문학

종류에 따라 어떻게 굴절하는지 알아보기 위해 망원경 앞에 프리즘을 달았다. 말하자면 역사상 최초의 **분광기**를 만들었던 것이었다.

이 실험에서 프라운호퍼는 그의 이름을 불멸의 것으로 만든 놀라운 현상을 발견했다. 그는 이렇게 말했다. "헤아릴 수 없을 정도의 수많은 희미한 수직의 선들이 스펙트럼 안에 보인다. 이중 몇 개는 아주 검게 보였다."

그는 태양 이외의 천체에 대해서도 스펙트럼 조사를 했다. 달과 금성, 화성을 분광기에 넣었을 때도 똑같은 선을 볼 수 있었다. 그러나 망원경을 항성으로 겨누었을 때는 상황이 달랐다. 별마다 각기 특유의 스펙트럼을 보여주었던 것이다.

그는 햇빛 스펙트럼의 세밀한 조사를 통해 모두 324개의 검은 선을 발견했는데, 이것이 바로 오늘날 **프라운호퍼선*** 또는 **흡수선**이라 불리는 것이다. 프라운호퍼는 이 선들이 무엇을 뜻하는지 끝내 알 수 없었지만, 이것이야말로 저 천상의 세계가 무엇으로 이루어져 있는지를 밝혀낼 수 있는 열쇠로서, 19세기 천문학상 최대의 발견이었다. 프라운호퍼의 암선이 뜻하는 것은 그로부터 한 세대 뒤 키르히호프에 의해 완벽하게 해독되었다.

----

* 빛의 일부가 어떤 물질에 흡수당하여 생기는 선이다. 태양광이 태양대기나 지구대기 중의 기체 원자·분자에 흡수되는 것이다. 원자·이온·분자는 저마다 특유한 파장의 빛만 흡수하므로, 흡수선을 조사하면 존재하는 원소의 종류와 양, 원소가 놓인 환경의 온도·밀도·운동 등에 대한 정보를 얻을 수 있다.

프라운호퍼는 눈부신 업적으로 나중에 왕으로부터 기사작위를 받고 뮌헨 대학의 교수까지 됐지만, 그의 불운은 끝나지 않았다. 불우한 환경 탓에 어렸을 때부터 몸이 허약한데다 평생 유리를 다루며 생활하는 바람에 유리가루가 폐에 차서 병상에 눕게 되었다. 그해 6월 요양을 위해 이탈리아로 떠날 준비를 하던 중에 병세가 위독해져 결국 삶을 마감하고 말았다. 당시 그의 나이는 겨우 39세였다.

그러나 천문학 발전에 끼친 공적으로 볼 때 프라운호퍼는 누구에게도 뒤지지 않는 거인이었다. 그는 프라운호퍼선으로 우주를 인류 앞에 활짝 열어놓았다. 후세의 천문학자들은 이 프라운호퍼선을 도구로 하여 우주의 화학조성을 해명할 수 있게 되었다. 그의 묘비에는 "그는 우리를 별에 더 가깝게 이끌었다!"라는 문구가 새겨져 있다.

태양을 해부한 과학자

'별의 물질을 아는 것은 불가능하다'고 단정한 **콩트**의 말을 보기 좋게 뒤집은 구스타프 키르히호프는 칸트가 태어난 지 꼭 100년 만인 1824년 칸트의 고향 쾨니히스베르크에서 태어났다. 그리고 쾨니히스베르크 알베르투스 대학에서 전기회로를 연구하고, 졸업 후 베를린 대학 강사 등을 거쳐 하이델베르크 대학 교수로 갔다.

거기서 키르히호프는 화학자 **로베르트 분젠**과 함께 여러 가지 원소의 스펙트럼 속에 나타나는 프라운호퍼선의 연구에 몰두했다. 그는 유황이나 마그네슘 등의 원소를 묻힌 백금막대를 분젠 버너 불꽃 속에 넣을 때 생기는 빛을 프리즘에 통과시키는 방법으로 연구를 진행했다. 그 결과, 키르히호프는 각각의 원소는 고유의 프라운호퍼선을 갖는다는 사실을 발견했다. 말하자면 원소의 지문을 밝혀낸 셈이었다.

이어서 그에게 영광의 순간이 찾아왔다. 나트륨 증기가 내보내는 빛을 분광기에 통과시키니, 그 스펙트럼 안에 두 개의 밝은 선이 나타났다. 프라운호퍼가 제작한 지도와 대조해보니 그 선들이 D1, D2의 장소와 일치했다. 그것은 프라운호퍼가 나트륨 화합물을 태웠을 때 발견한 두 개의 밝은 선에 붙여놓은 기호들이었다.

여기서 키르히호프는 그의 선배보다 한 걸음 더 나아갔다. 나트륨 불꽃을 통하여 태양빛을 분광기에 넣었더니 스펙트럼 안의 밝은 선이 있었던 장소가 어두운 D선으로 바뀌는 게 아닌가! 이는 어떤 특정한 파장의 빛이 나트륨 가스에 흡수되어버렸음을 뜻하는 것이다. 다시 말해, 이 D선은 태양 주위에 나트륨 가스가 존재한다는 것을 증명하기 때문이다. 그는 "해냈다!"고 외쳤다. 이것이 바로 반세기 전 프라운호퍼가 그토록 알고 싶어한 수수께끼였던 것이다.

키르히호프는 다음 과제로, 태양광 스펙트럼에서 보이는 검은 선들이 어떤 원소들의 것인가를 조사한 결과, 마그네슘, 철, 칼슘, 동, 아연 같은 원소들을 찾아냈다. 콩트가 죽은 후 2년 뒤인 1859년, 그는 이 같은 사실을 발표했다. 이로써 키르히호프는 태양을 최초로 해부한 사람이 되었고, **항성물리학**의 기초를 놓은 과학자로 기록되었다.

그러나 태양이 무엇을 태워 그렇게 막대한 에너지를 분출하는지, 그 에너지원이 밝혀지기까지는 아직 한 세기를 더 기다려야 했다.

여담이지만, 키르히호프가 이용하는 은행의 지점장이 자기 고객이 태양에 존재하는 원소에 관한 연구를 하고 있다는 말을 듣고는 한마디 내뱉었다고 한다. "태양에 아무리 금이 많다 하더라도 지구에 갖고 오지 못한다면 무슨 소용이 있겠습니까?" 훗날 키르히호프가 분광학 연구업적으로 대영제국으로부터 메달과 파운드 금화를 상금으로 받게 되자 그것을 지점장에게 건네며 말했다. "옛소. 태양에서 가져온 금이오."

빛이란
무엇인가

빛은 전자기파의 일종

빛이란 '변동하는 전류'를 계기로 주위의 전기장과 자기장이 차례차례 연쇄적으로 발생하면서 공간 속으로 나아가는 **전자기파**의 일종이다. 전기와 자기는 본질적으로 같은 것이며, 이들이 만들어내는 장의 출렁임, 즉 전자기파가 바로 우리가 '빛'이라고 부르는 것이다.

변동하는 전류란 교류전류나 순간적으로 전류가 흘렀다가 곧 사라지는 방전 등을 가리킨다. 일정한 전류에서는 전자기파가 발생하지 않는다. 또 일단 발생한 전자기파는 원래의 전류가 없어지더라도 계속 나아간다. 가시광선은 물론, 적외선, 자외선, X선, 감마선 등 모든 전자기파는 진동수만 다를 뿐 한 형제인 '빛'인 것이다.

인류가 빛의 정체를 파악한 것은 19세기 말 영국 물리학자 **제임스 클러크 맥스웰**에 의해서였다. 그는 빛이 전자기파의 일종임을 밝혀냈다.

전자기파는 진행방향에 대해 수직인 횡파에 속하며, 전자기파를 구성하는 전기장과 자기장은 서로 수직을 이루고, 전자기파는 전기장과 자기장에 수직인 방향으로 진행한다. 그리고 파장, 세기, 진동수에 상관없이 일정한 속력 30만km/s로 직진한다. 또한 전자기파는 빛과 같이 반사, 굴절, 회절, 간섭을 하며, 광자의 운동량과 에너지를 갖는다. 광자의 에너지(ε)는 주파수(ν)에 비례하고, 파장(λ)에 반비례한다. 전자기파와 물질의 상호작용은 주로 전기장에 기인한다.

매질이 있어야만 진행할 수 있는 **음파**와는 달리 전자기파는 매질이 없어도 진행할 수 있다. 따라서 공기 중은 물론이고, 매질이 존재하지 않는 우주공간에서도 전자기파는 진행한다. 우리가 별빛을 볼 수 있다는 사실은 빛이 진공 속에서도 전달될 수 있다는 것을 뜻하며, 이는 빛과 전파의 동질성을 암시하는 것이다.

가시광선, 곧 사람이 눈으로 볼 수 있는 빛은 파장이 약 400~800nm(나노미터, 1nm는 10억분의 1m)인 전자기파다. 이 범위 내에서 초당 약 500조 번 진동하는 전자기파가 우리 눈에 들어오면 눈에 있는 시신경을 자극하고, 시신경은 우리 뇌에 '빛' 신호를 전달한다.

적외선은 800nm~1mm이고, 이보다 더 긴 파장은 **마이크로파**라고 부르는데, 바로 전자레인지에서 쓰는 전자파다. 전자기파가 물질 중의 전자 등을 흔들 때는, 전자기파의 일부는 물질에 흡수되고 에너지가 물질에 인계된다. 이것이 바로 물질에 빛(전자기파)이 흡수되는 본질적인 의미다. 그 반대의 과정도 있다. 곧, 모든 물체는 그 온도에 따른 파장의 빛을 방출한다. 이것을 **열복사**라 한다. 우리 눈에 보이지는 않지만 얼음덩이나 바위도 빛을 방출한다. 고온일수록 파장이 짧은 빛의 성분이 많이 복사된다. 빛은 전자가 가진 에너지의 형태가 모습을 바꾼 것이라 할 수

내 생애 처음 공부하는 두근두근 천문학

있다.

마이크로파보다 파장이 길어 수 미터에서 수십 미터까지 긴 것은 보통 전파(라디오파)라 부르며, 휴대전화 등의 통신에 쓰인다. 가시광선보다 파장이 짧은 전자기파는 차례대로 자외선, X선, 감마선이라 하는데, 특히 감마선은 파장이 10pm(피코미터, 1pm은 1조분의 1m) 이하로, 주로 방사선 물질에서 방출되는 아주 고에너지의 전자파다. 전자파, 곧 빛의 빠르기는 일정하므로, 진동수(주파수)와 파장은 반비례한다.

양자론에서는 빛을 **입자**로 다룬다. 양자역학 최후의 영웅 **리처드 파인만**은 제자들에게 이렇게 말했다. "빛이 파동이란 건 잊어버려. 빛은 입자야."

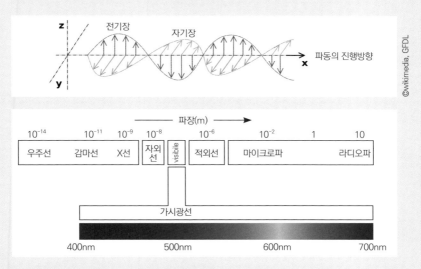

▲ 전자기복사를 구성하는 전자기파. 매질 없이 전파되는 전자기파는 전기장과 자기장의 횡파다. 위 그림은 왼쪽에서 오른쪽으로 진행하는 직선 편광된 전자기파를 보여준다. 전기장은 수직 평면에서 진동하고 자기장은 수평 평면에서 진동한다.
▲▲ 전자기파 영역. 우리 눈에 보이는 가시광선 영역은 400~700nm로, 전체 영역 중에서도 아주 좁은 범위다.

3 장

별들의 도시, 은하

발밑만 보지 말고 눈을 들어 별을 보라.
호기심을 가져라.

- 스티븐 호킹, 런던 장애인 올림픽 개막 연설

우주의 기본단위인 은하

은하, 은하수, 우리은하

요즘은 빛 공해 때문에 대도시 부근에서는 좀처럼 은하수를 보기 힘들지만, 아직도 시골이나 외딴섬 같은 곳에 가면 여름 밤하늘을 길게 가로지르는 빛의 강을 볼 수 있다. 우리가 어린 시절부터 견우·직녀 전설로 익히 듣던 **은하수**가 바로 그것이다.

부옇게 보이는 이 은하수를 일컬어 서양에서는 **밀키 웨이**Milky way라 하고, 우리나라에서는 **미리내**라고 불렀다. '미리'는 용을 일컬는 우리 고어 '미르'에서 왔다. 태양계가 있는 우리은하를 그래서 미리내 은하라고도 한다.

옛사람들은 은하수를 그저 빛의 강 정도로 생각했을 뿐, 정확한 정체를 알 수 없었다. 은하수가 무엇인지 인류가 정확히 알게 된 것은 17세기 들어서였다. 은하수가 실은 무수한 별들의 무리라는 사실을 발견하고 최초로 인류에게 보고한 사람은 이탈리아의 **갈릴레오 갈릴레이**였다. 1610년 갈릴레오는 자신이 직접 만든 망원경으로 은하수를 관측한 결과, 그것이 엄청난 별들의 집적이라는 사실을 최초로 확인했다.

우리는 흔히 은하, 은하수, 우리은하라는 말을 곧잘 섞어서 쓰는데, 용어의 뜻부터 명확히 해둘 필요가 있다.

보통 **은하**라 하면, 일반적인 은하를 가리키는 보통명사로 영어로는 **갤럭시**galaxy다. **은하수**는 지구에서 보았을 때 미리내 은하가 옆으로 보이는 모습, 곧 뿌연 띠 모양으로 하늘을 한 바퀴 두르고 있는 별 띠를 일컫는 고유명사다. 그리고 **우리은하**는 말 그대로 태양계가 속해 있는 미리내 은하를 일컫는 것이다. 영어로는 대문자를 써서 갤럭시Galaxy 또는 밀키 웨이 갤럭시라고도 한다.

그럼 은하란 무엇일까? 간략히 정의하면, 수백, 수천억 개의 별들과 우주 먼지인 성간물질, 그리고 아직도 정체를 모르는 암흑물질들이 중력으로 묶여 있는 천체를 말한다. 별의 개수는 몇백만 개부터 수십조 개에 이르는 거대한 은하까지 있으며, 크기도 몇만 광년부터 무려 600만 광년에 이르는 것까지 있다.

　그러나 은하가 아무리 방대하더라도 우주가 워낙 광활한 만큼 우주론의 기본단위는 별이 아니라 이들 은하이다. 은하 안에는 수많은 항성계, 성단, 성간 분자구름들이 있으며, 이 사이의 공간은 가스, 먼지, **우주선**cosmic rays들로 이루어진 성간물질들로 채워져 있다. 그리고 아직 정체가 밝혀지지 않은 **암흑물질**이 은하 질량의 약 90%를 차지하고 있다고 여겨진다.

　또 하나 중요한 사실은 많은 은하들의 중심에 **초대질량 블랙홀**이 존재한다는 점이다. 이 초대질량 블랙홀은 일부 은하들의 핵에서 발견되는 **활동은하핵**(은하의 중심영역에서 매우 압축된 지역)의 주된 원인으로 지목되고 있다. 우리은하 역시 그 중심에 이러한 매우 무거운 블랙홀을 품고 있는 것으로 보인다.

　은하에 포함된 항성들은 모두 은하의 질량중심 주위를 공전하고 있다. 태양도 지구를 비롯한 태양계 천체들을 거느리고 다른 항성들과 마찬가지로 은하 주위를 공전한다.

　우주에는 다양한 형태의 은하들이 존재하는데, 일단 관측 가능한 범위의 우주에 존재하는 은하 개수는 약 **2천억 개** 정도로 파악되고 있다. 참으로 엄청난 숫자다. 북두칠성의 됫박 안에만도 약 300개의 은하가 들어 있다고 한다. 은하 간 거리는 평균 약 100만~200만 광년이고, 은하단 간 공간은 이것의 100배 정도 된다.

　이들 은하는 우주공간 안에 골고루 퍼져 있지 않고 상호 중력으로

　　　　　　　　내 생애 처음 공부하는 두근두근 천문학

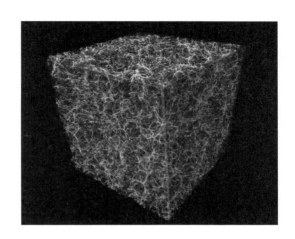

▲ 거품처럼 얽혀 있는 우주 거대구조

무리를 이루고 있는 것이 보통이다. 수십 개의 소규모 은하들로 이루어진 은하 집단을 **은하군**이라 하고, 100개 이상에서 수천 개에 이르는 밝은 은하들을 포함한 은하집단을 **은하단**이라 한다.

그리고 은하단들이 모여 **초은하단**이라고 불리는 거대한 구조를 형성하는데, 초은하단은 가느다란 선이나 넓은 판과 같은 구조를 따라 분포한다. 이들을 수억 광년의 규모로 보면, 은하들이 밀집해 있는 영역과 텅 비어 있는 영역(초공동)이 있음을 알 수 있다. 이를 통틀어 **우주 거대구조**라 일컫는다.

은하들은 각기 크기·구성·구조 등이 상당히 다르지만, **나선은하**의 경우 대략적인 모습은 중심 근처에 많은 별들이 몰려 있어 불룩해 보이는 **팽대부**, 주위의 **나선팔**, 은하 둘레를 멀리 구형으로 감싸고 있는 별들과 **구상성단, 성간물질** 등으로 이루어진 **헤일로**halo, 그리고 은하 중심인 **은하핵**으로 나눌 수 있다.

은하의 나이는 몇 살일까

그럼 은하는 언제 어떻게 생겨난 것일까? 빅뱅 이론에 따르면, 빅뱅 이후 약 30만 년 후에 수소와 헬륨이 만들어지기 시작했다. 태초의 공간을 가득 채웠던 원시구름들이 서서히 중력으로 뭉쳐지기 시작하면서 우주의 거대구조가 모습을 드러내기에 이르렀다.

처음에는 균일하게 퍼져 있던 이 가스구름이 중력으로 점차 뭉치면서 서서히 회전하기 시작했다. 그것은 말 그대로 우주적인 규모였다. 조그만 태양계를 만든 어버이 원시구름의 지름이 32조km, 약 3광년의 크기였다고 하니, 은하를 이룰 만한 원시구름의 크기란 상상을 뛰어넘는 규모였을 것이다.

원시구름들이 암흑물질 헤일로로 모여 원시은하들이 만들어지기 시작했는데, 이들은 거의 **왜소은하**들이었다. 태초에 존재했던 수많은 왜소은하들 속에서 첫 번째 별, 곧 제1세대 별들이 만들어졌는데, 이를 **항성종족III**이라고 한다.

이때는 아직 별들이 중원소들을 만들기 이전이므로, 이 별들은 중원소 없이 순수히 수소와 헬륨으로만 이루어져 있었고, 엄청난 질량을 가졌을 것으로 보인다. 따라서 매우 짧은 기간, 곧 수백만 년 만에 연료들을 소진해버리고 초신성 폭발로 일생을 마치면서 자신이 만들어낸 탄소 등 중원소들을 우주공간에 흩뿌렸을 것이다. 이것에서부터 우주는 최초로 생명의 씨앗을 품게 된 것이다.

은하가 만들어지기 시작한 후 약 10억 년 정도가 흐르면 은하의 주요 구성원들이 형성되기 시작한다. 예를 들면, **구상성단**을 비롯해, 은하 중심의 아주 무거운 **블랙홀**, 금속 함량이 적은 **항성종족II**로 이루어진 **팽대부**가 나타난다.

은하 중심의 블랙홀은 비록 은하 전체에 비해 크기는 작지만, 은하

©European Space Agency & NASA

▲ 바람개비 은하(M101). 큰곰자리에 있는 나선은하로, 나선팔에는 많은 붉은색의 발광성운들과 푸른색의 산개성단이 아름답게 펼쳐져 있다. 지름은 약 17만 광년으로 우리은하의 거의 2배 되는 크기다.

의 별 생성률에 영향을 줌으로써 은하가 자라는 과정을 조절하는 중요한 역할을 한다고 여겨지고 있다. 이러한 은하 진화의 초기단계에서 은하는 아주 많은 별들을 폭발적으로 만들게 된다.

시간이 흐르면서 은하에 축적된 물질로부터 보다 젊은 별들로 이루어진 은하 원반이 서서히 형성되기 시작한다. 그러는 동안에도 은하는 계속 은하간 매질로부터 새로운 가스를 공급받기도 하고, 또는 다른 은하들과의 상호작용을 통해 가스나 별을 주고받으며 별이 생성되기를 반복하면서, 마침내 별들 주위에서 행성들이 생겨날 수 있는 조건을 만들어가게 된다. 그리고 이러한 초기 왜소은하들이 충돌과 합체를 거듭하면서 현재 우리가 알고 있는 은하로 진화했다.

이렇게 최초로 생성된 은하들이 우주에 모습을 나타내기 시작한 것은 빅뱅 후 불과 **5억 년**에 해당한다. 우리은하의 나이도 그에 근접하는 것으로 알려져 있다. 이는 우리은하 내의 별 중 가장 늙은 별의 나이를 통해 추정할 수 있는데, 현재까지 밝혀진 우리은하 원반 안에서 가장 오래된 별의 나이는 약 **132억 년**인 것으로 밝혀졌다. 우리은하는 태초의 우주공간에 나타난 은하 중 하나인 셈이다.

각기 다른 은하들의 생긴 꼴

은하를 형태에 따라 최초로 분류한 사람은 **에드윈 허블**이다. 그는

내 생애 처음 공부하는 두근두근 천문학

은하를 타원은하(E), 나선은하(S), 막대나선은하(SB), 불규칙은하(Ir) 4가지로 분류했다. 하늘에서 밝은 은하 중 약 70%는 나선은하다.

그러나 허블의 분류는 오직 시각적 모양만 가지고 분류한 것이기 때문에 시간적 진화계열로 생각하기보다는 오히려 은하가 태어났을 때의 **원시은하운**의 물리적 상태, 예컨대 원시운의 각운동량·질량·밀도 등의 차이에 따라 분류한 것이라 할 수 있다.

타원은하는 전체 모습이 타원체 꼴이며, 중심에서 주변으로 갈수록 점점 어두워진다. 일반적으로 밝기의 차이나 흡수물질에 의한 내부 구조가 결여되어 다양하지 못하다.

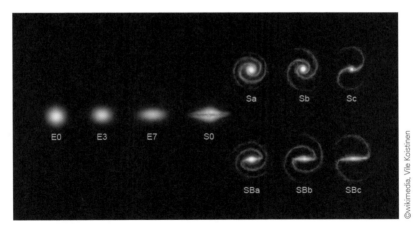

▲ 허블 순차에 따른 은하 분류. E는 타원은하, S는 나선은하, SB는 막대나선은하를 가리킨다. 허블 분류는 형태로만 분류한 것이기 때문에 별의 생성률, 은하핵의 활동성 같은 다른 중요 특성들은 반영하고 있지 않다.

나선은하는 일반적으로 중심부에 둥근 꼴의 팽대부와 그것을 에워싼 편평한 원반부로 이루어지고, 나선구조는 팽대부의 가장자리에서 시작하여 주변을 크게 감싸면서 원반부의 가장자리에서 사라진다.

막대나선은하는 팽대부에서 대칭으로 막대구조가 뻗어 있고, 그 끝에서 나선팔이 시작된다. 막대구조에 따라 뚜렷한 암흑성운의 띠가 보이는 경우가 많다. 우리은하가 막대나선은하에 속한다.

불규칙은하는 모양에 규칙성이 없는 은하다. 형태는 회전축 대칭을 나타내지 않고 나선상 구조도 결여되어 있다. 보통 이웃 은하들의 중력 때문에 모양이 교란된 것이다. 그 대표적인 은하로 대마젤란은하와 소마젤란은하 등이 있다.

이처럼 은하가 다양한 형태를 하고 있지만, 어떻게 그 형태를 바꾸어왔는지는 아직 완전히 밝혀지지 않았다. 은하의 수명이 100억 년이 넘는데, 우리가 외부은하의 존재를 안 것은 100년도 채 안 되기 때문이다.

2013년 NASA는 그동안 허블 우주망원경이 촬영한 1,670개의 은하를 크기와 형태에 따라 분류했다. 그 결과, 110억 년 전의 은하들은 현재의 은하보다 크기는 작았으나, **타원은하와 나선은하**가 모두 존재했다는 사실이 밝혀졌다. 이는 적어도 110억 년 전부터 기본적인 은하의 패턴은 변하지 않았음을 말해준다. 은하의 진화에 대해서는 아직까지 풀어야 할 수수께끼가 많이 남아 있다.

은하도 진화한다

은하의 진화는 '충돌'의 역사다

은하들의 진화에 가장 결정적인 역할을 하는 것은 은하 충돌이다. 별들 사이의 충돌은 거의 일어나지 않는 반면, 은하들 사이의 충돌과 상호작용은 꽤 빈번히 일어나며, 이는 은하의 형성과 진화에 아주 중요한 영향을 미친다.

전파망원경으로 심우주를 관측하면, 곳곳에서 은하의 조각들을 비롯해, 은하들을 에워싸고 있는 가스체들의 거대한 테, 은하들 사이에 놓인 기묘한 연결고리와 이상한 형태들을 발견할 수 있다.

이 같은 현상은 중력 작용으로 인해 은하들이 서로 영향을 미치고 있음을 말해준다. 어떤 경우에는 직접 충돌이 진행되고 있는 은하의 모습을 볼 수도 있다. 비록 이런 충돌이 수억 년, 수십억 년에 걸쳐 진행되지만, 우주는 넓은 만큼 그 모든 과정의 사례들이 우주 곳곳에 존재하기 때문에 퍼즐 조각을 맞추듯 충돌의 진행과정을 충분히 유추할 수 있다.

이처럼 은하들은 서로 끌어당기고 스치고 충돌하면서 진화한다. 이러한 은하의 상호작용과 충돌, 합체는 은하가 생긴 뒤부터 지금까지 끊임없이 되풀이되고 있다. 은하들 사이의 충돌은 은하의 모양을 심하게 변형시키고, 막대나 고리, 연결다리 또는 꼬리 같은 여러 가지 구조들을 만들어내기도 한다.

은하의 상호작용도 정도에 따라 여러 가지가 있다. 은하들이 정면으로 충돌하지 않고, 약간 비껴가는 경우에는 서로의 조석력 때문에 은하가 찢어지거나 늘어나고, 가스나 먼지들이 서로 교환되기도 한다.

은하들이 직접 충돌하지만, 상대적인 운동량이 커서 하나로 합쳐지지 않는 경우도 있다. 이러한 은하들이 충돌할 때 별들끼리 부딪치는 경우는 거의 없다. 별 사이의 거리에 비해 별의 크기가 너무 작기 때문이다. 두 은하는 유령처럼 서로 통과하는데, 형태만 일그러질 뿐 은하 자체는 파괴되지 않는다. 다만, 은하의 가스와 먼지들은 서로 강한 상호작용을 일으킴으로써 성간물질이 압축되거나 불안정해져서 **폭발적인 별 생성**이 일어나기도 한다.

은하들의 운동량이 작은 경우에는 상호작용 뒤에 은하들이 하나로 합쳐지기도 하는데, 이를 은하들의 **합병**이라 부른다. 이 경우 은하들은 서서히 더 큰 하나의 새로운 은하로 합병되며, 그 과정에서 형태가 완전히 변하게 된다. 만약 두 은하 중 하나가 다른 것보다 월등히 큰 경우, 작은 은하가 큰 은하에 완전히 흡수되므로 이를 은하의 흡수합병이라고 부르기도 한다. 이 경우 큰 은하는 거의 모양이 변하지 않는 반면, 작은 은하는 조석력에 의해 쉽게 찢어지게 된다.

은하는 이렇게 충돌과 합병을 통해 스스로 덩치를 키워간다. 우리은하도 예외는 아니어서 수많은 **왜소은하**들을 잡아먹으면서 지금과 같은 크기로 성장했다. 예컨대 궁수자리 왜소타원은하와 큰개자리 왜소은하는 현재 우리은하와 합병이 진행되고 있는 중이다.

우리은하의 놀라운 모습

우리은하가 **막대나선은하**라는 사실이 밝혀진 것은 그리 오래되지 않았다. 이전에는 우리은하가 나선은하에 속하는 것으로 보았지만, **2005년 스피처 적외선 망원경**으로 조사한 결과 중심핵으로부터 지름 2만 7천광년 길이의 막대구조가 있다는 것이 확인되었다.

별의 모든 운명을 결정짓는 것은 오로지 하나, 그 별이 가진 질량이다. 질량이 무거운 별일수록 중력이 강해 핵융합이 격렬하게 일어난다. 따라서 별의 수명도 기하급수적으로 짧아진다. 우리 태양 같은 별은 보통 약 100억 년을 살지만, 이런 덩치 큰 별들은 강한 중력으로 인해 급격한 핵융합이 일어나므로 연료 소모가 빨라 얼마 살지 못한다. 오리온자리 1등성 베텔게우스는 태양 질량의 약 20배 정도로 아직 1천만 년이 채 안 되었는데도 임종의 증세를 보이고 있다. 태양보다 작은 질량을 갖고 태어난 별은 그 수명이 150억 년 이상이나 되므로 은하의 탄생 이래 지금까지 계속 반짝이고 있는 셈이다. 그러나 태양 질량의 10배 이상 무거운 별은 그 수명이 수백만 년에서 수천만 년에 지나지 않으므로 지금 밤하늘에서 밝게 빛나고 있는 별들은 사실 '최근'에 탄생한 별들이다. 최근이라 해도 수백만, 수천만 년 전이지만.

이처럼 은하는 다양한 질량과 나이를 가진 별의 집합체다. 그러나 그 별들이 모여 있는 장소는 각기 다르다. 갓 생겨난 청백색 거성은 주로 가스를 많이 포함한 나선은하의 **나선팔** 부분에 집중적으로 모여 있다. 이는 이 별들이 성간가스에서 생겨났다는 사실을 말해준다.

은하의 나선팔은 장차 별들로 환생할 엄청난 성간물질들이 들끓고 있는 영역이다. 이 성간물질과 여기서 태어난 별들이 은하 중앙의 **팽대부**를 중심으로 회전하는 것이 바로 나선팔이다.

미리내 은하의 모습은 가운데가 약간 도톰한 원반 꼴이다. 우리은하는 늙고 오래된 별들이 공 모양으로 밀집한 중심핵이 있는 팽대부와 그 주위를 젊고 푸른 별, 가스, 먼지 등으로 이루어진 나선팔이 원반 형태로 회전하고 있으며, 그 외곽에는 주로 가스, 먼지, 구상성단 등의 별과 암흑물질로 이루어진 헤일로가 지름 40만 광년의 타원형 모양으로 은하 주위를 감싸고 있다. 우리은하의 지름은 10만 광년, 가장자리는 5천 광년, 중심 부분은 2만 광년이다.

우리은하를 옆에서 보면 프라이팬 위에 놓인 계란프라이와 흡사한 꼴이다. 이처럼 은하가 납작한 이유는 은하 자체의 **회전운동** 때문이다. 이 안에 약 **4천억 개**의 별들이 중력의 힘으로 묶여 있다. 태양 역시 그 4천억 개 별 중 하나일 따름이다. 태양은 우리은하의 중심으로부터 은하 반지름의 3분의 2쯤 되는 거리에 있으며, 나선팔 중의 하나인 **오리온팔**의 안쪽 가장자리에 있다.

태양에서 궁수자리 방향으로 약 2만 3천 광년 거리에 있는 우리은하의 중심부에 지름 24km, 태양 질량의 400만 배가 되는 초대질량의 블랙홀이 있다는 것이 밝혀졌으며, 또한 이 블랙홀의 근처에 작은 블랙홀이 하나 더 있어 쌍성처럼 서로를 공전하고 있는 것이 확인되었다. 이는 과거에 우리은하가 다른 작은 은하를 흡수했음을 뜻한다.

우리은하 전체는 중심핵을 둘러싸고 회전하고 있다. 태양이 은하 중심을 도는 속도는 초속 220km나 되지만, 그래도 한 바퀴 도는 데 2억 3천만 년이나 걸린다. 태양이 태어난 지 대략 50억 년이 됐으니까, 지금까지 미리내 은하를 20바퀴 돈 셈이다. 은하 중심에서 2만 3천 광년쯤 떨어진 변두리에 있는 태양계는 은하 중심을 보며 공전하므로, 지구에서 볼 때 7만 광년 거리의 중첩된 중심부와 먼 가장자리 별들이 그처럼 밝은 띠로 보이는 것이다.

사람들이 모여서 사회를 이루고 살듯이 천체들도 떼지어 모여 다니는 습성이 있다. 우리은하는 비교적 작은 크기로, 지름 600만 광년의 **국부은하군**에 속하는데, 국부은하군에서 가장 밝은 은하는 우리은하 외에 **안드로메다 은하**, **삼각형자리 은하** 그리고 20여 개의 작은 은하들이다.

그런데 국부은하군의 맹주로 가장 밝고 큰 은하인 안드로메다 은하가 현재 초속 107km로 우리은하를 향해 돌진 중이다. 약 **40억 년** 후면 두 은하가 만나 지구 밤하늘을 뒤덮는 장관을 연출할 것이다. 40억 년 뒤에 지구가 어떤 모습일지는 장담할 수 없지만, 모쪼록 그때까지 건강을 잘 챙겨 은하 충돌의 장관을 구경하기 바란다.

끝으로 65억 년 뒤엔 두 은하 모두 충돌로 인해 지금의 모습은 찾아볼 수 없게 되고, 하늘에 은하수 대신 타원은하가 대부분을 차지하게 될 것으로 예측된다. 별들 사이의 공간이 넓어 별끼리 충돌하는 일은 거의 없을 것으로 보이지만, 우리 태양계가 충돌 여파로 어떻게 될지는 아직까지 밝혀지지 않고 있다.

은하군보다 상층구조로는 초은하단이 있다. 우리은하를 포함하는 국부은하군은 **처녀자리 은하단**을 중심으로 한 **국부 초은하단** 안에 포함되어 있다. 우리은하로부터 5천만 광년 거리에 있는 처녀자리 은하단은 여태껏 알려진 은하단들 중에서 구성원이 가장 많은 초대형

은하단으로서, 800만 광년의 규모에 1,300개 이상의 밝은 은하들로
이루어져 있다.

©NASA/ESA

©NASA/JPL-Caltech

▲　우리은하(사진 속 오른쪽)와 안드로메다 은하(M31). 37억 5천만
　　년 후 두 은하는 충돌한다.
▲▲ 위에서 본 우리은하 모습. 막대 양쪽에서 두 개의 거대한 나선팔
　　이 뻗어나와 은하 전체를 감싸고 있다.

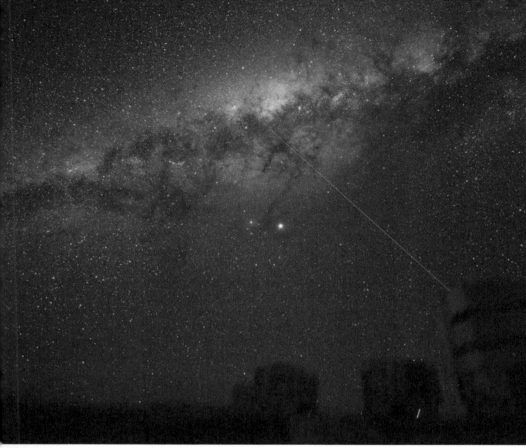

▲ 칠레 북부 라실라에 있는 유럽남방천문대에서 레이저로 우리은하 중심을 가리키고 있다.

우리은하가 속해 있는 국부은하군은 이 거대한 **국부 초은하단**의 변두리에 있는 한 작은 은하군에 지나지 않는데, 문제는 우리은하군 역시 처녀자리 은하단을 향해 초속 600km 속도로 돌진하고 있다는 점이다. 하지만 안심하시라. 이 속도로 달려가더라도 충돌은 100억 년 후의 일이니까.

우주는 텅 비어 있지 않다

츠비키의 대발견

1929년, 우주가 팽창하고 있다는 경천동지의 사실을 허블이 발표한 후, 천문학 발달사에 또 하나의 큰 분수령을 이루는 주장이 제기되었다. 우주 안에는 우리 눈에 보이는 물질보다 몇 배나 더 많은 **암흑물질**이 존재한다는 주장이었다.

우주론 역사상 가장 기이한 내용을 담고 있는 이 주장은 스위스 출신 물리학자인 캘리포니아 공과대학(칼텍)의 **프리츠 츠비키**

◀ 프리츠 츠비키. 최초로 암흑물질을 발견한 스위스의 천문학자. 생애 대부분 동안 칼텍에서 연구했으며, 암흑물질, 초신성, 중성자별에 이르기까지 이론천문학과 관측천문학 두 분야에 걸쳐 큰 족적을 남겼다.

(1898~1974) 교수가 "정체불명의 물질이 우주의 대부분을 구성하고 있다!"고 발표함으로써 세상에 알려지게 되었다.

1933년에 머리털자리 은하단에 있는 은하들의 운동을 관측하던 츠비키는 그 은하들이 뉴턴의 중력법칙에 따르지 않고 예상보다 매우 빠른 속도로 움직이고 있다는 놀라운 사실을 발견했다. 그는 은하단 중심 둘레를 공전하는 은하들의 속도가 너무 빨라, 눈에 보이는 머리털 은하단 질량의 중력만으로는 이 은하들의 운동을 붙잡아둘 수 없다고 생각했다. 이런 속도라면 은하들은 대거 튕겨나가고 은하단은 해체돼야 했다.

여기서 츠비키는 하나의 결론에 도달했다. '개별 은하들의 빠른 운동속도에도 불구하고 머리털자리 은하단이 해체되지 않고 현 상태를 유지한다는 것은 틀림없이 우리 눈에 보이지 않는 암흑물질이 이 우주를 가득 채우고 있다는 것을 의미한다'는 내용이었다. 머리털자

내 생애 처음 공부하는 두근두근 천문학

리 은하단이 현 상태를 유지하려면 암흑물질의 양이 보이는 물질량보다 7배나 많아야 한다는 계산도 나왔다. 그러나 주류 천문학계의 아웃사이더였던 츠비키의 주장은 간단히 무시되었고, 세월과 함께 묻힌 채 망각되었다.

그로부터 80년이 흐른 후의 상황은 어떠한가? 전세는 대역전되었다. 암흑물질이 우리 우주의 운명을 결정할 거라는 데 반기를 드는 학자들은 거의 사라지고 말았다. 결론적으로, 최신 성과가 말해주는 암흑물질의 현황은 다음과 같다.

우주 안에서 우리 눈에 보이는 은하나 별 등의 물질은 단 4%에 불과하고, 나머지 96%는 암흑물질과 암흑 에너지다. 그중 암흑물질이 22%이고, 암흑 에너지는 74%를 차지한다. 이것은 어찌 보면 허블의 팽창 우주에 버금갈 만한 우주의 놀라운 현황일지도 모른다.

아직 밝혀지지 않은 암흑물질의 정체

오래 잊혔던 암흑물질이 다시 무대 위로 오른 것은 한 세대가 지난 1962년, 이번에는 여성 천문학자에 의해서였다. **베라 루빈** (1928~2016)은 1950년대 애리조나에 있는 키트피크 천문대에서 은하 내 별들의 회전속도를 측정하면서 비정상적인 움직임을 발견했다. 은하 중심부에 가까운 별들이나 멀리 떨어진 별들의 공전속도가 거의 비슷하게 측정됐던 것이다.

이것은 **케플러의 법칙**을 정면으로 거스르는 사건이었다. 이 법칙에 따르면, 바깥쪽 별들의 속도가 당연히 한참 느린 것으로 나와야 한다. 태양 둘레를 도는 행성들만 보더라도 그렇다. 초당 공전속도를 보면, 수성은 47km, 지구는 30km, 해왕성은 수성의 10분의 1밖에 안 되는 5km다. 만약 해왕성이 수성의 속도로 공전한다면 진작 태양계를 탈출하고 말았을 것이다.

그런데 은하는 왜 형태를 유지하고 있는가? 이미 한 세대 전 츠비키가 가졌던 의문과 같은 내용이었다. 그러나 루빈의 경우도 마찬가지로 학계에서 묵살당하고 말았다. 이번에는 여자라는 성별이 문제가 되었다. 남녀차별은 천문학 동네의 뿌리 깊은 관습이었다. 그러나 루빈은 츠비키와는 달리 때늦었지만 보상을 받았다. 그로부터 30년이 흐른 뒤인 1994년, 암흑물질 연구에 관한 공로로 미국 천문학회가 주

▶ CI 0024+17 은하단을 둘러싸고 있는 유령 같은 암흑물질 고리. 허블 우주망원경이 찍었다.

©NASA, ESA, M.J. Jee and H. Ford

내 생애 처음 공부하는 두근두근 천문학

는 최고상인 **헨리 러셀**(H-R도표를 만든 천문학자)상을 받았던 것이다.

  암흑물질의 존재를 가장 극적으로 증명한 것은 바로 **중력렌즈** 현상의 발견이었다. 빛이 중력에 의해 휘어져 진행한다는 것은 아인슈타인의 일반 상대성이론에 의해 예측되었고, 1919년 영국의 천문학자 **에딩턴**의 일식관측으로 증명되었다(58쪽 참조). 질량이 큰 천체는 주위의 시공간을 구부러지게 해서 빛의 경로를 휘게 함으로써 렌즈와 같은 역할을 하는데, 이를 일컬어 **중력렌즈** 현상이라 한다. 이 중력렌즈를 통해 보면, 은하 뒤에 숨어 있는 별이나 은하의 상을 볼 수 있다.

  이제 암흑물질의 존재는 의심할 수 없는 것으로 굳어졌고, 문제는 암흑물질이 무엇으로 이루어져 있는가 하는 그 정체성으로 옮겨갔다.

▶ 유럽우주기구의 플랑크 탐사선. 2009년 우주로 발사되어 4년 동안 우주배경복사를 정밀하게 관측하고 최초로 그 전천지도를 제작해 2013년에 공표했다.

암흑물질의 성분은 과연 무엇인가? 이것만 안다면, 다음 노벨상은 예약해놓은 것이나 마찬가지다. 그래서 많은 학자들이 그 정체 규명에 투신하고 있지만, 아직까지는 뚜렷한 단서를 못 잡고 있다. 어쨌든 우주 총질량의 26%나 차지하는 암흑물질의 정체가 아직 오리무중이라는 것은 과학자들에겐 참으로 갑갑한 노릇이 아닐 수 없다.

현재 우주배경복사와 암흑물질 연구에서 선구적 역할을 하는 것은 **윌킨슨 초단파 비등방 탐사선**(WMAP)*이다. 이 위성은 2002년부터 몇 차례에 걸쳐 매우 정밀한 우주배경복사 지도를 작성해왔다. 이 관측에 의해, 우리 눈에 보이는 우주의 물질은 4%에 지나지 않음이 밝혀

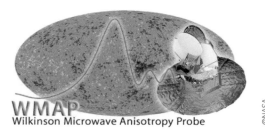

©NASA

▲ 윌킨슨 초단파 비등방 탐사선(WMAP)과 우주배경복사 사진. 2001년 6월 태양과 지구 사이의 궤도를 향해 발사되었으며, 마이크로 복사파의 관측 데이터를 지구로 전송했다.

----

* 2001년 6월 태양과 지구 사이의 궤도를 향해 발사되었으며, 태양·지구·달의 반대편을 향하도록 설계되어 광활한 우주공간을 정면에서 바라볼 수 있다. 위성의 본체는 알루미늄, 가로 3.8m, 세로 5m 크기에 무게는 840kg이다. 보통 크기의 전구 5개에 불과한 419W의 전력으로 작동되는 천체망원경은 6개월을 주기로 우주배경복사를 관측해 지구로 전송했다.

내 생애 처음 공부하는 두근두근 천문학

졌다. 더욱이 4% 중 대부분은 수소와 헬륨이 차지하고 있으며, 0.4%만이 은하와 별을 만들고, 우리 지구에서 흔히 보는 무거운 원소는 0.03%에 불과하다. 이런 점에서 볼 때 지구는 참으로 특이한 존재다.

우주는 텅 비어 있지 않다

이제 우주의 현 상황에서 최대의 문제아로 떠오른 암흑 에너지로 발길을 돌려보자.

탐사 위성 WMAP이 보내온 관측자료 중에서 관련 과학자들을 가장 경악하게 만든 것은 암흑 에너지의 존재였다. 우주 안의 모든 질량에서 차지하고 있는 비율이 무려 74%라는 사실 앞에서 그들은 입을 다물지 못했다. 이는 너무 놀라운 나머지 현기증 나는 일이 아닐 수 없었다.

1990년대에 과학자들은 우주의 팽창속도가 어떻게 변하고 있는지 알아보기 위해 관측을 시작했다. 그것은 우주에 **암흑물질**이 얼마나 존재하는지 알아낼 수 있는 방법이었다. 1998년에 그들의 관측결과가 나왔다. 빅뱅 이후 우주는 급속히 팽창하다가 이후 잠시 팽창속도가 느려지는가 싶더니, 다시 팽창속도가 빠르게 증가하고 있음을 발견했다. 그들은 한동안 관측결과를 믿을 수 없었다. 그러나 관측결과를 수없이 재확인해봐도 결과는 마찬가지였다. 우주는 현재 **가속팽창**

을 하고 있는 중인 것이다.

그들이 얻은 결과에 의하면 오늘날 우주는 70억 년 전 우주에 비해 15%나 빨라진 속도로 팽창하고 있다. 그것은 질량에 작용하는 중력보다 더 큰 힘이 은하들을 밀어내고 있음을 뜻한다. 곧, 우주공간이 에너지를 가지고 있다는 것이다.

공간이 가지고 있는 이 에너지는 우리가 지금까지 알고 있던 에너지가 아니었다. 과학자들은 정체불명의 이 에너지를 암흑 에너지라 불렀다. 이 암흑 에너지로 인해 우리는 우주공간이 말 그대로 텅 빈 공간만은 아님을 알게 되었다. **입자**와 **반입자**가 끊임없이 생겨나고 **쌍소멸**로 스러지는 역동적인 공간으로, 이것이야말로 우주공간 본원의 성질임을 어렴풋이 인식하게 된 것이다.

아인슈타인의 우주상수가 우주의 신비를 풀어줄까?

1915년 아인슈타인은 훗날 모든 우주론의 초석이 될 일반 상대성 이론을 발표했다. 그때까지 아인슈타인의 우주론은 정적이면서도 무한히 균일한 우주였다. 그러나 그가 얻었던 답은 정적인 우주가 아니라, 팽창하거나 수축하는 동적인 우주였다. 중력은 언제나 인력으로만 작용하므로, 은하와 별들은 결국 하나로 뭉칠 것이고, 우주의 파국은 피할 수 없다는 결론에 이른다.

내 생애 처음 공부하는 두근두근 천문학

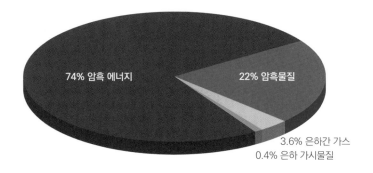

74% 암흑 에너지

22% 암흑물질

3.6% 은하간 가스
0.4% 은하 가시물질

▲ 암흑물질이 약 22%, 관측 가능한 물질(가시물질)이 약 4%인데 비해 암흑 에너지는 전체의 약 74%를 차지하고 있다.

이것을 받아들일 수 없었던 아인슈타인은 결국 우주를 정적인 상태로 묶어두는 항을 그의 중력 방정식에 삽입했다. 곧, 중력을 상쇄하는 **척력**(미는 힘)을 나타내는 것으로, 이른바 **우주상수** 람다(Λ)였다. 아인슈타인은 우주공간이 중력 때문에 줄어드는 것을 막는 에너지를 지녔다고 생각했던 것이다.

그러나 얼마 후 그는 이 생각을 바꿀 수밖에 없었다. 1929년 허블의 우주 팽창설이 발표되었고, 이윽고 우주가 팽창한다는 사실이 대세로 굳어졌기 때문이다.

아인슈타인은 1931년 허블의 초청으로 부인과 함께 윌슨산 천문대를 방문했다. 그는 그때 가진 기자회견 자리에서 우주가 팽창하고 있다는 사실을 인정하고, 자기가 우주상수를 도입했던 것은 일생일대의 실수라면서 이를 폐기한다고 발표했다. 하지만 그로부터 70년

이 지나 아인슈타인의 우주상수는 암흑 에너지를 업고, 우주의 신비를 풀어줄 키워드로 다시 주목받기 시작한 것이다. 과연 아인슈타인은 우주의 선지자였을까?

현재 암흑 에너지가 차지하고 있는 비중이 무려 74%에 달한다는 것이 플랑크 우주선의 정밀관측으로 밝혀졌다. 요컨대, 우주는 암흑 에너지 74%와 암흑물질 22%, 그리고 가시물질 4%라는 비율로 이루어져 있어 우주의 대부분은 눈에 보이지 않는 미지의 물질로 채워져 있다는 얘기다. 이로써 우주론은 사색과 예측의 단계를 지나 정밀과학의 장으로 옮아가게 되었다.

어쨌든 인류는 겨우 4%의 가시물질 위에 까치발을 하고 서서 힘겹게 우주를 올려다보고 있는 형국이다. 우주는 우리가 상상하는 그 이상으로 기괴하다고 말한 어느 과학자의 말이 과장이 아님을 알 수 있다.

내 생애 처음 공부하는 두근두근 천문학

4 장

알수록 놀라운 태양계 이야기

천문학은 우리 영혼이 위를 바라보게 하면서
우리를 이 세상에서 다른 세상으로 이끈다.

– 플라톤

우리가 사는 동네, 태양계

초속 17km로 40년을 날아야 태양계를 빠져나간다

우리가 사는 동네인 **태양계**는 태양과 그 중력장 안에 있는 모든 천체, 성간물질 등을 구성원으로 하는 주변 천체들이 이루는 체계를 말한다.

태양 이외의 천체는 크게 두 가지로 분류되는데, 8개의 행성이 큰 줄거리로 본문이라면, 나머지 약 160개의 위성, 수천억 개의 소행성, 혜성, 유성과 운석, 그리고 행성간 물질 등은 부록이라 할 수 있다.

인류가 태양계의 존재를 인식하기 시작한 것은 16세기에 들어서였다. 그전에 인류 문명이 진행되었던 수천 년 동안 태양계라는 개념은 형성되지도 않았다는 얘기다. 그들은 지구가 우주의 중심에 부동자세로 있으며, 하늘에서 움직이는 다른 천체와는 절대적으로 다른 존재라고 믿었다.

기원전 3세기 고대 그리스의 천문학자 **아리스타르코스**가 태양 중심의 우주론을 주창하기도 했지만, 태양계라는 개념의 기원은 아무래도 16세기 **코페르니쿠스**가 주창한 태양 중심의 **지동설**에 닿아 있다고 봐야 할 것이다.

17세기에는 그 계승자 **요하네스 케플러**가 태양 중심설에 기초한 **행성운동의 3대 법칙**을 발견하고, 이어 **갈릴레오**가 망원경으로 달과 목성의 4대 위성, 은하수 등을 관측해 지동설을 확고한 기틀 위에 세움으로써 태양계가 인류의 인식 속에 뚜렷이 자리잡기에 이르렀다.

오늘날 우리는 수천억 개의 은하들이 존재하는 대우주 속에서 우리은하는 조약돌 하나밖에 되지 않는다는 사실을 알 뿐 아니라, 우주 속에서 태양계가 차지하는 부분은 그야말로 망망대해 속의 거품 하나에 지나지 않는다는 사실도 잘 알고 있다. 그럼에도 불구하고 인간의 척도로 볼 때 태양계는 우리가 생각하는 것보다 훨씬 광대하다.

1977년 발사된 **보이저 1호**가 총알 속도의 17배인 초당 17km의 속도로 40년 가까이 날아간 끝에 겨우 태양계를 빠져나가 성간 공간에 진입했다. 이 거리는 태양-지구 거리의 130배인 200억km로, 초속

30만km의 빛이 20시간은 달려야 하는 먼 거리다.

만약 이 거리를 시속 900km인 비행기로 주파한다고 치면 얼마나 걸릴까? 놀라지 마시라. 무려 2400년이 더 걸리는 시간을 날아가야 한다. 우주 속에 거품 하나에 지나지 않는 태양계지만 우리에겐 이토록 광대한 것이다. 보이저 1호는 인간이 만든 물건으로는 가장 우주 멀리 날아간 셈이다.

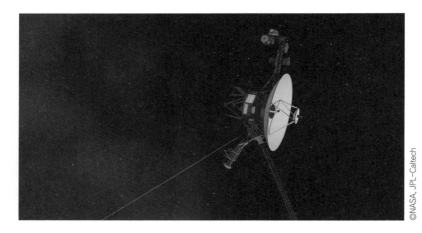

©NASA, JPL–Caltech

▲ 1977년 발사된 보이저 1호. 총알 속도의 17배인 초당 17km의 속도로 40년 가까이 날아간 끝에 겨우 태양계를 빠져나가 성간 공간에 진입했다.

내 생애 처음 공부하는 두근두근 천문학

태양계를 고민한 철학자

그렇다면 이 태양계는 언제, 어떻게 만들어졌을까? 태양계가 약 46억 년 전에 만들어졌다는 것은 일찍이 천문학자들이 계산서를 뽑아냈지만, 지구에 사는 어느 누구도 그것을 직접 목격한 사람은 없다. 하지만 오래전부터 인류는 태양계 형성에 관해 많은 가설들을 고안해냈는데, 그중에서도 가장 유력한 가설은 **성운설**로 불리는 것이었다.

그런데 최초로 성운설을 주장한 사람은 놀랍게도 천문학자가 아니었다. 18세기 철학자인 **임마누엘 칸트**였다. 그는 1755년에 발표한 「일반 자연사와 천체 이론」에서 태양계가 거대한 성운 속에서 태어났다는 성운설을 주창했다. 이어 1796년 프랑스의 **피에르 시몽 라플라스**(1749~1827)가 칸트의 성운설에 수정을 가해 칸트-라플라스 **성운설**로 거듭났다.

▶ 철학자 임마누엘 칸트. 태양계 형성에 대해 성운설을 주장했다. 우리은하 밖에 수많은 은하들이 있을 거라는 그의 '섬우주론'은 200년이 흐른 뒤 완벽히 증명되었다.

그리고 현대와 와서 다시 과학세례를 받은 끝에 완성된 이 이론에 따르면, 태양계는 천천히 자전하는 고온의 가스 덩어리에서 시작했다고 한다.

까마득한 옛날, 한 46억 년 전쯤 어느 시점에 은하 원반 평면에서도 가장자리에 있는 어느 지점에서 큰 별 하나가 폭발했다. 거성이 생의 막바지에 이르러 장렬한 폭발로 삶을 마감하는 것이 이른바 **초신성 폭발**이다. 앞에서도 말했듯이 이것은 사실 신성이 아니라 늙은 별의 임종이다. 별이 없던 곳에 갑자기 엄청나게 밝은 별이 나타난 것을 보고 옛사람들이 **신성**이라고 불렀을 뿐이다.

어쨌든 초신성이 폭발하면 그 엄청난 에너지는 전 은하가 내는 빛보다도 밝은 빛을 우주공간에 뿌리게 된다. 초신성의 폭발은 한 별의 종말이자 다른 드라마의 시작이기도 하다. 이것은 가장 장대한 우주의 드라마라 할 수 있다.

그 어마어마한 폭발의 충격파가 근처의 거대한 원시구름을 휘저어 중력 평형을 깨뜨리는 바람에 원시구름의 뺑뺑이 운동을 촉발시켰던 것이다. 바야흐로 태양이 잉태되는 순간이다. 수소로 이루어진 이 원시구름은 지름이 무려 32조km, 3광년이 넘는 크기였다.

우주 속 물질의 가장 기본적인 속성은 **회전운동**이다. 이 거대한 **태양성운** 역시 중력으로 뭉쳐지면서 제자리 맴돌기를 시작했고, **각운동량 보존 법칙**에 따라 뭉쳐질수록 회전속도는 점점 더 빨라지게 되었다. 피겨 선수가 회전할 때 팔을 오므리면 더 빨리 회전하는 것과 같은 원

내 생애 처음 공부하는 두근두근 천문학

▲ 별 생성 상상도. 외부 태양계에서 별들이 형성되고 있는 과정을 보여준다.

©NASA, FUSE, Lynette Cook

리다. 원반이 빠르게 회전할수록 성운은 점점 편평해진다. 이 또한 피자 반죽을 빠르게 돌리면 두께가 더욱 얇아지는 것과 같은 이치다.

이 먼지 원반의 중심에 이윽고 수소 공이 만들어진다. 이른바 **원시별**이다. 빠르게 회전하는 원시별이 주변의 가스와 먼지구름의 납작한 원반에서 물질을 흡수하면서 2천만 년쯤 줄기차게 뺑뺑이를 돌다 보니 지금의 태양 크기로 뭉쳐지기에 이르렀고, 이윽고 내부에서 수소 핵융합이 일어나 **항성**으로서의 일생을 시작한다.

한편, 원시행성계 원반의 고리에는 수많은 물질이 서로 충돌하며 중력작용으로 뭉치면서 자잘한 **미행성**들을 만든다. 이 미행성들은 무수한 충돌을 거듭하면서 덩치를 키워가 이윽고 우리 지구나 목성 같은 행성을 형성하기에 이르렀다. 미처 태양이나 행성에 합류하지 못한 성긴 부스러기들은 소행성과 위성 등이 되었다.

이 같은 경로를 거쳐 태양계 행성들도 태양과 같은 시기에 형성되었다. 행성들이 태양의 자전축을 중심으로 거의 같은 평면상 궤도를 돌고 있다는 사실이 그것을 말해준다. 물론 이 공전의 본래 힘은 원시 태양계 구름의 회전력이다. 그 힘이 여전히 지속되어 모성의 자전과 행성들의 공전으로 나타난 것이다. 그 각운동량은 27일마다 한 바퀴 자전하는 태양의 자전운동을 비롯, 태양계 모든 천체의 운동량으로 아직껏 남아 있다.

오늘 해가 지고 달이 뜨는 것도 지구가 하루에 한 바퀴 자전하기 때문이다. 지구를 채로 치는 팽이처럼 무섭게 돌리는 그 힘은 46억 년 전 태양계의 탄생 때부터 존재했던 것이고, 더 멀리는 빅뱅에서 온 것이다. 우리는 이처럼 장구한 시간의 저편과 엮여 있는 존재인 것이다.

태양계가 제 모습을 얼추 갖추게 된 것은 태양 성운이 회전운동을 시작한 후 대체로 1억 년 안의 일이지만, 그로부터 6억 년 후 **후기 운석 대충돌기**라는 격변의 시기를 겪게 되었다. 목성과 토성의 **궤도 공명***으로 인한 중력 요동이 해왕성-천왕성의 궤도 순서를 천왕성-

----

* 천체역학에서 공전하는 두 천체가 작은 정수비를 만족하는 공전주기로 인해 서로에게 주기적으로 일정하게 중력적 영향을 가할 때 발생한다. 목성과 토성의 2:1 궤도공명이란, 목성이 두 번 공전하는 동안 토성이 한 번 공전하는 것을 말한다.

해왕성으로 바꾸어놓았고, 소행성대와 카이퍼 띠에 몰려 있던 소행성들을 대거 내행성 쪽으로 내몰아 소행성 포격시대의 막을 열었다. 수성과 달 표면을 무수히 뒤덮고 있는 **크레이터**들이 그 증거다.

그러나 이 같은 소행성 포격이 반드시 재앙이었던 것만은 아니다. 지구의 **바다**는 얼음 형태의 물을 충분히 포함하고 있었던 이들 소행성이 가져다준 것이기 때문이다. 생명의 씨앗이 소행성에서 왔다는 주장도 있다.

태양계의 가장이자 에너지원

태양계라는 동네를 소개할 때 사람들이 가장 놀라는 것은 태양의 절대적인 위치다. '그럴 수가!'하는 반응을 보이는 대목은 태양계를 구성하는 모든 천체들 중 태양이 차지하는 질량 비중이 무려 99.86%라는 사실을 소개하는 순간이다.

그러니까 8개의 행성과 수많은 위성 및 수천억 개에 이르는 소행성, 성간물질 등, 태양 외 천체들의 모든 질량을 합한다고 해도 0.14%에 지나지 않는다는 말이다. 더욱이 그 부스러기 중에서 목성과 토성이 또 92%를 차지한다는 점을 생각하면, 우리 70억 인류가 아옹다옹하며 붙어사는 지구는 그야말로 티끌 한 점이라고밖에 표현할 말이 없다.

압도적인 이 태양의 비중 하나가 태양계의 모든 진실을 웅변해준다. 태양의 탄생을 빼고는 태양계의 기원을 말할 수 없다는 것은 명백하다. 태양계의 탄생과 진화는 바로 태양의 탄생과 진화에 다름 아니다. 태양계에서 가장 중요한 존재는 지구도 아니고 인간도 아니다. 오늘도 하늘에서 변함없이 빛나는 저 태양이 바로 절대 지존이다.

우리 지구는 태양 질량의 33만 3천분의 1밖에 되지 않는다. 태양의 지름은 지구의 109배로, 무려 **139만km**다. 이게 과연 얼마만 한 크기일까?

천문학적 숫자는 상상력을 발휘하지 않으면 실감하기 어렵다. 지구에서 달까지 거리는 지구를 30개쯤 늘어놓으면 닿는 **38만km**이니, 태양의 지름은 그것의 3.5배란 얘기다. 만약 태양 속에 지구를 욱여넣는다면 무려 130만 개나 들어갈 수 있는 부피다. 이것이 태양의 실체이고, 태양계라는 우리 동네의 대체적인 사정이다.

그런데 태양에는 이보다 본질적으로 더 중요한 점이 있다. 바로 태양계에서 유일하게 스스로 빛을 내는 존재, 즉 **항성**이라는 특권이다. 빛을 낸다는 것은 무슨 뜻인가? 유일한 **에너지원**이란 뜻이다. 말하자면 태양은 태양계의 유일한 **물주**다. 태양계에서 돈벌이하는 가장은 태양 하나뿐이다. 어느 모로 보나 태양은 태양계의 절대적인 존재다.

만일 태양이 빛을 내지 않는다면 이 넓은 태양계 안에 인간은커녕 바이러스 한 마리 살 수 없을 것이다. 지구에 존재하는 거의 모든 에너지, 곧 수력, 풍력까지 태양으로부터 나오지 않는 것이 없다. 고로 태양은 모든 살아 있는 것들의 어머니다. 그러나 이런 태양도 우리은하에 있는 4천억 개 별들 중 지극히 평범한 별에 지나지 않는다. 무수한 별 중 하나인 태양이 태양인 이유는 우리와 거리가 가깝다는 사실 하나뿐이다.

절대지존, 태양의 정체를 알아보자

태양계 전체 질량의 99.86%를 차지하는 태양은 태양계의 중심에서 태양계 천체를 중력으로 묶어두고 있다. 그러니 태양계에서 태양의 중력에 영향을 받지 않는 천체는 없다는 뜻이다.

이처럼 46억 년이나 태양계 중심에서 에너지를 사방으로 뿌리며 지구의 모든 생명들을 키우고 인류를 존재케 한 태양은 또 우리가 그 표면을 관찰할 수 있을 정도로 가까이 있는 유일한 항성이기도 하다.

태양과 지구 사이의 거리(1AU)는 약 **1억 5천만km**로, 빛으로는 8분 20초가 걸린다. 하지만 시속 900km로 달리는 비행기로 간다면 무려 19년이나 밤낮으로 달려야 하는 엄청난 거리다.

지구 질량의 33만 3천 배에 이르는 태양의 막대한 질량은 그 4분의 3이 수소, 나머지 4분의 1은 대부분 헬륨이다. 총질량의 2% 미만이 산소, 탄소, 네온, 철 등 중원소들로 이루어져 있다.

태양은 이 질량으로 내부에서 수소 핵융합이 일어나기에 충분한 밀도를 만들어주며, 이를 통해 엄청난 양의 에너지를 전자기 복사 형태로 우주공간으로 방출한다. 태양이 1초 동안 방출하는 에너지는 70억 인류가 1천만 년 동안 쓸 수 있는 양이다. 지구에 전달되는 태양의 에너지는 태양이 생산하는 에너지 총량의 약 1천만 분의 1 정도다.

우주 진화의 후기 단계에 태어난 태양은 우리은하의 별들 중에서 어느 정도 등급에 속할까? 태양은 표면 온도가 약 5,800K이며, 질량이 큰 편에 속하는 **황색왜성**으로 우리은하의 별 중에서 제법 무겁고 밝은 별이다. 항성의 밝기와 표면 온도를 각 축으로 삼아 항성을 평면 위에 표시하는 **헤르츠스프룽-러셀 도표**(H-R 도표)에 따르면, 뜨거운 별은 대체로 밝으며 **주계열**로 불리는 띠 위에 몰려 있는데, 태양은 이 주계열 띠의 한가운데에 자리잡고 있다.

주계열 위에서 태양의 위치는 '생의 한가운데' 있는 셈인데, 이는 태양이 핵융합에 필요한, 중심핵에 있는 수소를 모두 소진하지 않았기 때문이다. 지금 태양은 천천히 밝아지고 있다. 처음 태어났을 때의 태양 밝기는 지금의 70% 수준이었다. 앞으로 11억 년마다 태양은 약 10%씩 더 뜨거워질 것으로 예측되고 있다.

태양의 구조는 대략 다음과 같다.

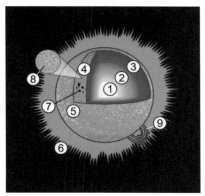

▶ 태양의 내부 구조. ①중심핵 ②복사층
③대류층 ④광구 ⑤채층 ⑥코로나 ⑦흑점
⑧쌀알 조직 ⑨홍염

©wikimedia, Pbrols B

중심핵 수소 핵융합 반응이 일어나는 태양의 중심부. 수소가 헬륨으로 바뀌는
반응에서 많은 에너지가 방출된다. 반응은 높은 온도와 밀도를 필요로
하는데, 태양 중심부의 온도는 약 1,500만K, 밀도는 약 150g/cm³(금
이나 납 밀도의 약 10배)나 된다.

복사층 태양 반지름의 0.25~0.7배에 해당되는 층으로, 내부 물질이 뜨겁고 농
밀해 중심핵의 뜨거운 열을 바깥으로 전달하는 열복사가 일어나는 곳
이다.

대류층 태양의 표면으로부터 약 20km 되는 층으로 복사층을 에워싸고 있으
며, 대류에 의해 에너지를 광구로 전달한다.

광구 육안으로 보이는 태양의 빛나는 부분. 기하학적인 면이 아니고 표면에
서 깊이 약 500km까지의 층이다. 그 온도는 약 5,800K이다. 흑점·쌀
알무늬 등이 나타난다.

채층	태양 광구 바로 위의 얇은 층의 대기이며, 대략 2천km 정도의 깊이를 지니고 있다. 채층은 광구에 비해 시각적으로 좀 더 투명하다.
코로나	태양의 가장 바깥쪽 대기층으로 개기일식 동안 희게 보인다. 태양의 전이층 바깥쪽에 있는 태양의 최외곽 대기층 전체를 말한다.
흑점	태양 자기장의 변화로 광구면에 나타나는 검은 점. 작은 것은 지름이 몇 백km, 큰 것은 몇 십만km나 되며 그 수명은 몇 달이나 간다. 흑점은 약 4천~5천K의 고온이지만, 주변의 5,800K 온도에 비해서는 낮기 때문에 상대적으로 어둡게 보인다. 흑점의 개수나 크기는 대략 11년 주기로 증감하며, 지구에도 다양한 영향을 준다.
쌀알 조직	광구를 망원경으로 관측하면 지름 1천km 정도의 작은 알맹이 모양의 무늬를 볼 수 있는데 이것을 쌀알조직이라 한다. 광구 밑에서 일어나는 격심한 대류현상으로 나타나는 것이다.
홍염	태양의 흑점 부근 대류층에서 높은 온도의 기체가 분출하는 현상으로 보통은 고리 모양으로 나타난다. 수일에서 수주 동안 지속되며, 프로미넌스라고도 한다.

▶ 태양 플레어, 태양 흑점 아래에 열이 축적되어 자기장이 약한 부분을 따라 폭발하는 현상이다.

내 생애 처음 공부하는 두근두근 천문학

지구인의 메시지를 싣고 떠도는 탐사선

그렇다면 태양의 영향력이 끝나는 태양계의 끝은 어디쯤 될까? 마지막 행성인 해왕성까지가 태양계의 끝이라 생각하기 쉽지만, 그 바깥으로는 태양계의 막내 행성으로 사랑받다가 쫓겨난 저 슬픈 명왕성이 있고, 또 명왕성을 지나면 해마다 아름다운 꼬리를 뽐내며 지구를 방문하는 혜성들의 고향, **카이퍼 띠**가 내부 태양계를 감싸고 있다.

해왕성과 명왕성을 거쳐 이 카이퍼 띠를 최초로 통과한 인공물이 있다. 바로 1972년에 발사된 목성 탐사선 **파이어니어 10호**다. 무게 258kg에 6각형 몸통을 하고 있는 이 탐사선은 지름 2.4m 파라볼라 안테나를 달고 있다.

초속 14km로 지구를 떠난 파이어니어는 1년 9개월을 쉼없이 날아, 1973년 12월 목성에 접근해서 찍은 사진 500여 장을 지구에 쏘

▶ 파이어니어 10호. 1972년에 발사된 목성 탐사선 파이어니어 10호는 1973년 12월 목성 임무를 완수한 후 10년을 더 날아, 1983년 6월에는 명왕성 궤도를 통과함으로써 최초로 외행성계를 벗어난 인공물이 되었다.

아 보냈다. 인류는 이때 처음으로 목성의 북극을 볼 수 있었다.

목성 임무를 완수한 파이어니어는 10년을 더 날아, 1983년 6월에는 명왕성 궤도를 통과함으로써 최초로 외행성계를 벗어난 인공물이 되었다. 파이어니어가 이후에 부여받은 임무가 태양계 탐사였다.

하지만 **카이퍼 띠**를 지난 후 2003년 1월 23일 마지막 교신을 끝으로, 100AU쯤 되는 거리 어디에선가 파이어니어는 실종되고 말았다. 2006년 3월 4일, 최종 교신을 시도했지만, 파이어니어로부터 응답이 오지 않아, NASA는 미아 실종신고를 할 수밖에 없었다. 인간이 만든 물체 중 보이저 1호 다음으로 가장 우주 멀리 날아간 파이어니어 10호는 지구에서 100AU나 떨어진 깜깜한 우주공간에서 영원히 우주의 미아가 되어버린 것이다. 1972년 3월 지구를 떠난 지 꼭 31년 만이다.

태양에서 끊임없이 나오는 **플라스마**의 흐름인 **태양풍**의 영향이 미치는 경계는 대략 태양-명왕성 간 거리의 4배(100AU) 되는 곳으로, 이 범위까지를 **태양권**이라 한다.

인간과의 연락은 끊어졌지만 파이어니어 10호는 그래도 우주비행을 멈추지는 않고, 태양계를 빠져나가기 전에 태양계와 우주의 경계인 **태양권 덮개**(헬리오시스)에 들어서게 될 것이다. 태양권 덮개는 이름 그대로 우주로부터 날아오는 고에너지 입자로부터 태양계를 보호하는 방패 같은 것이다. 이 태양계 덮개를 빠져나가는 데만도 약 10년이 걸릴 것이라 한다.

내 생애 처음 공부하는 두근두근 천문학

태양권 덮개를 지나면 **태양권 계면**(헬리오포스)이 나온다. 여기는 태양풍의 영향과 성간물질의 영향이 거의 같아지는, 그야말로 태양계의 가장 끝자락이다. 거리는 대략 130~160AU다. 빛이 달리더라도 꼬박 하루가 걸리는 거리다. 지난 2014년 보이저 1호가 40년 날아간 끝에 태양권 계면에 진입했다.

그다음 지나는 곳은 **오르트 구름**이다. 태양계를 둘러싼 가장 바깥 변두리 공간에 수많은 먼지 얼음 덩어리들이 떠돌고 있는 지역이다. 이것들이 어떤 원인에 의해서 자리를 벗어나서 태양 쪽으로 이끌리게 되면 혜성이 되는데, 이들이 바로 **장주기 혜성**이다.

2003년 이후 교신이 두절된 파이어니어 10호는 외계인에게 보내는 **인류의 메시지**를 담은 금속판을 싣고 있다. 여기에는 인류의 모습과 메시지, 태양계, 지구의 위치, 수소 분자 구조 등이 새겨져 있다. 한국말로 '안녕하세요?' 하는 인사도 들어 있다.

만약 먼 훗날 인류가 멸망한다 해도 우리가 지구상에 살면서 이룩한 문명의 흔적을 이 대우주에 남기게 될 것이다. 말하자면 파이어니어 10호는 인류가 우주라는 망망대해로 흘려보낸 **병 속의 편지**인 셈이다.

지금 이 시간에도 파이어니어는 태양권 계면 어디쯤에선가 흐릿한 햇빛을 받으며, 캄캄한 우주공간을 날아가고 있을 것이다. 초속 12km의 맹렬한 속도로 우주공간을 내달리고 있는 파이어니어는 3만 년쯤 후에는 안드로메다자리 붉은 별 **로스(Ross) 248**을 스쳐 지나고, 또 100만 년 동안 열 개의 별을 더 지나갈 거라 한다.

지구인의 메시지를 싣고 가는 파이어니어 10호를 잡을 수 있는 외계인이 과연 있을까? 있다면 그게 언제쯤일까? 태양계를 벗어나면 성간 공간으로 진입하게 된다. 그런데 그 사이의 경계선이 어디인지는 아직까지 명확하게 정의되어 있지 않다. 태양계의 경계선을 태양풍의 영향이 끝나는 선으로 할 것인가, 아니면 태양의 중력이 미치는 범위로 할 것인가에 달려 있는 문제이기 때문이다.

태양의 중력이 미치는 범위는 이보다 천 배는 더 멀다. 태양에서 가장 가까운 별인 **프록시마 센타우리**까지의 거리가 4.2광년이니까, 그 중간인 2광년까지가 태양의 중력권인 셈이다.

2012년 8월 성간 공간에 진입한 보이저 1호가 지구와의 교신이 끊어지는 시기는 2030년쯤으로 보고 있다. 그때는 전력 부족으로 어떤 장비도 구동할 수 없게 되기 때문이다. 하지만 그때까지는 계속 데이터를 보내올 것으로 기대되고 있다.

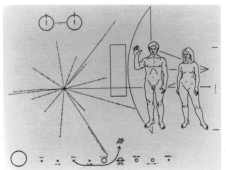

▶ 파이어니어 10호의 금속판. 외계 생명을 향한 지구인의 메시지를 담자는 칼 세이건의 발안에 따라 인간의 모습과 태양계를 그린 금속판이 장착되어 있다.

©NASA

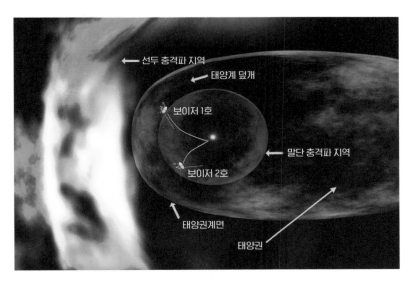

▲ 보이저 1, 2호의 진행 방향을 나타낸 것. 두 탐사선은 태양권 계면에 진입했다.

60억km 밖에서
지구를 돌아보다

태양계의 초상화

지구 행성 위에서 인간이 찍었건, 우주공간에서 망원경이 찍었건 간에 지금까지 찍은 모든 천체사진 중 가장 '철학적인 천체사진'으로 꼽히는 것이 바로 **'창백한 푸른 점**(Pale Blue Dot)'이라는 제목의 사진이다.

이 사진은 1990년 2월 14일, 『코스모스』의 저자인 **칼 세이건**의 제안에 따라 촬영된 것이다. 당시 명왕성 부근을 지나고 있던 보이저 1호에게 망원 카메라를 지구 쪽으로 돌리라는 명령이 떨어졌다. 지구-태양 간 거리의 40배나 되는 60억km 떨어진 곳에서 보이저 1호가 잡은 지구의 모습은 그야말로 '먼지 한 톨'이었다.

칼 세이건은 이 광경을 보고 "여기 있다! 여기가 우리의 고향이다"라고 시작되는 감동적인 소감을 남겼을 뿐만 아니라, '창백한 푸른 점'이라는 제목으로 책을 쓰기도 했다.

이때 보이저 1호가 찍은 것은 지구만이 아니었다. 해왕성과 천왕성, 토성, 목성, 금성 들도 같이 찍었다. 이 모든 태양계 행성들은 우주 속에서는 역시 먼지 한 톨에 불과했다. 지구 주변의 붉은빛은 행성들이 지나는 길인 **황도대**에 뿌려진 먼지들이 태양빛을 받아 만들어내는 빛깔이다.

보이저 1호의 수명은 애초 20년으로 예상됐으나, 플루토늄 배터리를 이용해 여행을 계속하고 있다. 수명 예측은 이제 2025년에서 2030년까지 늘어났다. 그때까지 지구로 보내올 최초의 태양계 밖 탐사자료에 대한 기대는 벌써 천문학계를 술렁이게 하고 있다. 보이저 1호는 2017년 8월 현재 지구로부터 약 **208억km** 떨어진 우주공간을 날아가고 있다.

©NASA

▲ 창백한 푸른 점. 명왕성 궤도 부근, 60억km 밖에서 돌아본 한 점 티끌에 불과한 지구의 모습이다.

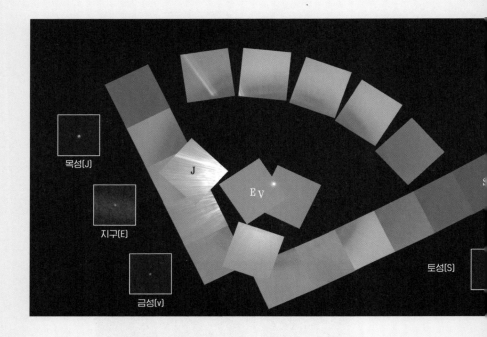

목성(J)

지구(E)

금성(v)

J

E V

S

토성(S)

내 생애 처음 공부하는 두근두근 천문학

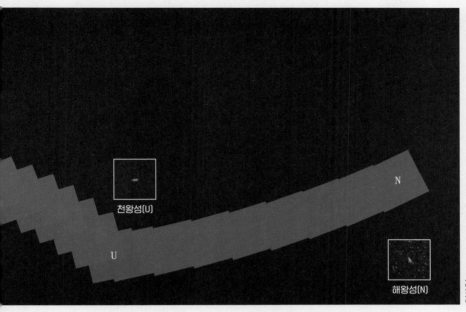

▲ 보이저 1호가 지구를 찍을 때 함께 찍은 태양계 가족사진. 60장의 사진에 겨우 다 담았다. 빗살 중앙은 태양, 사진에서 글자로 표시된 곳이 각 행성 위치다. 수성은 태양에 너무 가까워 들어가지 못했고, 화성은 운 나쁘게 렌즈 빛 얼룩에 묻혀버렸다.

태양계 행성들의 놀라운 진실

우주 탐사의 이정표를 만든 천문학자

지구를 포함해 태양계 8개 행성들은 어떤 법칙으로 운동하고 있을까? 행성을 영어로는 **플래닛**planet이라 하는데, **떠돌이**라는 뜻의 그리스어 **플라네타이**planetai에서 온 것이다. 우리말로는 떠돌이별, **행성**行星이라 한다. **혹성**惑星이란 말은 일본말로 되도록이면 안 쓰는 게 좋다. 게다가 행성이란 말이 훨씬 아름답지 않은가.

일찍이 아리스토텔레스가 달을 경계로 하여 천상계와 지상계로 나

내 생애 처음 공부하는 두근두근 천문학

누고, **지상계**는 흙과 공기, 물, 불의 4가지 원소로 구성되어 변화무쌍한 반면, **천상계**는 에테르라는 완벽한 물질로 구성되어 있어 영원불변하며, 그 운동은 완벽한 **원운동**을 한다고 주장했다. 아리스토텔레스의 우주관은 교회 힘을 배경으로 16세기까지 위세를 떨쳤다.

이러한 믿음을 최초로 깨뜨린 사람이 17세기 초 독일 천문학자 **요하네스 케플러**(1571~1630)였다. 스승인 **튀코 브라헤**(1546~1601)가 남겨준 풍부한 관측자료를 바탕으로 마침내 화성이 타원궤도를 도는 행성임을 밝혀냈다. 그것은 8년 동안 복잡하고 지루한 계산을 무려 70차례나 되풀이해야 하는 지난한 작업이었다. 그래서 **케플러의 화성전쟁**이라 일컬어진다.

다른 행성들도 타원궤도를 돌지만, 화성보다는 훨씬 원에 가깝다. 태양은 타원궤도의 중심에 위치한 것이 아니라, 중심을 조금 벗어난 초점에 자리한다. 행성의 공전속도는 태양에 가까울수록 빨라지고 멀어질수록 느려진다. 이런 운동 때문에 행성이 태양을 향해 계속 떨어지는 중이지만, 결코 태양에 곤두박질하지는 않는다는 것이다.

행성운동을 규정한 타원의 법칙과 동일면적의 법칙을 1609년 『새 천문학』에 발표했다. 그로부터 10년 후, 『우주의 조화』에서 그의 제3법칙 **조화의 법칙**을 발표함으로써 다음과 같은 케플러의 **행성운동 3대 법칙**이 완결되었다.

1. 모든 행성의 궤도는 태양을 하나의 초점에 두는 타원궤도다.(**타원궤도의 법칙**)

◀ 평생을 바쳐 행성운동 3대 법칙을 발견한
요하네스 케플러. 진정한 현대 천문학은 그
로부터 시작되었다.

2. 태양과 행성을 잇는 직선은 항상 일정한 넓이를 쓸고 지나간다.(**면적속도 일정
의 법칙**)

3. 행성의 공전주기의 제곱은 행성과 태양 사이 평균 거리의 세제곱에 비례한
다.(**조화의 법칙**)

특히 이 법칙들은 행성운동의 거리와 시간관계를 밝힘으로써 60
년 후 뉴턴의 중력 방정식을 선도했다. 케플러는 놀랍게도 태양과 행
성 사이에는 보이지 않는 어떤 힘이 작용하며, 행성운동의 근본 원인
이 **자기력**과 유사한 성격의 것이라고 제안함으로써 중력 또는 만유

인력을 예견했던 것이다.

그러나 여기까지 이르기 위해 케플러가 겪은 고통은 말할 수 없는 것이었다. 그는 평생을 온갖 고난 속에서 보내며, 오로지 우주의 진리를 밝히기 위해 헌신했다. 그러던 중 밀린 급료를 받기 위해 노쇠한 몸으로 먼 길을 나섰다가 병을 얻어 객사하고 말았다. 이 같은 케플러를 두고 영국 물리학자 **스티븐 호킹**은 이렇게 평했다.

"만약 절대적인 엄밀함을 추구하면서 평생 동안 가장 헌신적인 삶을 산 사람에게 주는 상이 있다면, 독일의 천문학자 요하네스 케플러가 그 상을 받았을 것이다."

이보다 더 격한 찬사는 **칼 세이건**에게서 나왔다. 그가 한 다음과 같은 말은 케플러를 위한 최상의 찬사일 것이다.

"우주 탐사선이 광대한 우주를 가로질러 외계로 달려갈 때, 사람이든 기계든 가릴 것 없이 참고하는 확고부동한 이정표가 하나 있다. 그것은 케플러가 밝혀낸 행성운동에 관한 세 가지 법칙이다. 평생에 걸친 수고로 그는 발견의 환희를 맛보았고, 우리는 우주의 이정표를 얻었다."

지구 자전이 멈추면
바로 종말

지구는 얼마나 빨리 움직일까?

여러분은 지금 무엇을 하고 있는가? 만약 책상 앞에 앉아서 이 글을 읽고 있는 중이라면, 아무런 움직임도 없이 가만히 멈추어 있다고 생각할 것이다. 하지만 그것은 착각이다. 지금 이 순간에도 우리는 무서운 속도로 공간이동을 하고 있는 중이다.

어떻게 그것을 알 수 있을까? 간단하다. 고개를 들어 하늘을 올려다 보면 바로 알 수 있다. 태양이 지평선에 걸려 있는 해질녘이면 더욱 좋다. 저녁놀 속으로 시시각각 내려앉는 태양이 바로 그 증거다. 그것은 사실 태양이 가라앉는 것이 아니라, 지구가 반대로 돌고 있는 것이다.

그렇다면 우리는 지구 행성 위에서 얼마나 빠른 속도로 공간이동을 당하고 있는 걸까? 일단 지구의 자전속도를 생각해보자. 지구는 하루에 한 바퀴씩 자전한다. 지구의 둘레는 4만km다. 이것을 초 단위로 나누면, 적도에 있는 사람은 초속 약 500m, 북위 38도쯤에 있는 사람은 초속 370m로 공간이동을 하는 셈이다. 초속 370m면 음속을 돌파하는 것이다. 만약 이 속도로 차가 달린다면 시속 1,224km로, 날개가 없어도

내 생애 처음 공부하는 두근두근 천문학

공중부양할 것이다.

어쨌든 우리는 지구의 자전으로 엄청나게 빠른 속도로 이동하고 있지만, 지구는 자전만 하는 게 아니라 공전운동도 한다. 이것은 더 엄청난 속도다. 지구와 태양 사이의 거리가 1억 5천만km니까, 이것을 반지름으로 한 엄청난 원을 1년에 한 바퀴씩 돈다. 이 원둘레는 약 9억 5천만km이고, 1년은 3,200만 초(3,153만 6천 초)니까, 이것으로 나누면 초속 30km다. 우리는 1초에 30km라는 무서운 속도로 태양 둘레의 우주공간을 내달리고 있다는 뜻이다. 알고 보면 지구는 완벽한 우주선인 셈이다.

그런데 만약 지구가 갑자기 자전과 공전을 멈춘다면 어떤 일들이 벌어질까? 인간을 포함하여 지상에 있는 모든 것들이 으깨지든지 우주공간으로 내팽개쳐질 것이다. 그리고 태양풍으로부터 지구를 지켜주던 자기장도 사라져 유해 자외선으로 멱을 감는 무시무시한 사태가 올 것이다.

그런데 지구만 움직이는 게 아니라, 태양도 그 자리에 가만히 있는 천체가 아니다. 이 태양계 식구 전체를 이끌고 은하 중심을 초점 삼아 공전하고 있다. 그 속도는 무려 초속 220km다. 그래도 우리은하를 한 바퀴 도는 데 약 2억 3천만 년이나 걸린다. 그만큼 우리은하가 엄청나게 크다는 뜻이다. 이 광대한 태양계도 우리은하에 비긴다면 조그만 물웅덩이에 지나지 않는다.

초속 600km로 달리는 우리은하

우리은하도 한자리에 가만히 머물러 있는 존재는 아니다. 맹렬한 속도로 우주공간을 주파하고 있는 중이다. 우리은하가 속한 **국부은하군** 전체가 **처녀자리 은하단**의 중력에 이끌려 **바다뱀자리** 쪽으로 달려가고 있는데, 그 속도가 무려 초속 600km나 된다.

그리고 마지막 결정적으로, 우주공간 자체가 지금 이 순간에도 빛의 속도로 팽창을 계속해가고 있다. 최근의 발견에 의하면 우주의 팽창속도가 점점 더 빨라지고 있다고 한다. 그 원인은 암흑 에너지로, 이것이 우주팽창의 가속 페달을 밟고 있다는 것이다.

따지고 보면, 이 우주 속에서 원자 알갱이 하나도 잠시 제자리에 머무는 놈이 없는 셈이다. 이처럼 삼라만상의 모든 것들이 무서운 속도로 쉼 없이 움직이는 것이 이 **대우주의 속성**이다. 이를 일컬어 옛 현자들은 **일체무상**一切無常(모든 것은 끊임없이 변한다)이라 했다.

그런데도 우리는 왜 그런 움직임을 전혀 못 느낄까? 그것은 우리가 지구라는 우주선을 타고 같이 움직이고 있기 때문이다. 바다 위를 고요히 달리는 배 안에서는 배의 움직임을 알 수 없는 것과 마찬가지다. 관찰자가 정지해 있거나 일정한 속력으로 움직이는 경우, 모든 물리법칙은 동일하게 적용되기 때문이다.

이 법칙은 갈릴레오가 가장 먼저 발견하여 **갈릴레오의 상대성원리**라고 한다. 아인슈타인의 특수 상대성이론은 이를 기초로 하여 나온 것이다. 이 갈릴레오의 상대성원리 때문에 우리는 느낄 수는 없지만, 여러분은 지금 이 순간에도 우주의 '일체무상' 속에 몸을 담근 채 무서운 속도로 공간이동을 하고 있는 중이다.

내 생애 처음 공부하는 두근두근 천문학

이것은 소설이나 공상이 아니라, 실제상황이다. 어떤 이들은 "어쩐지 어지럽다 했어"라며 우스갯소리도 하지만, 우주는 너무나 조화로워 우리는 나뭇잎이 산들바람에 흔들리는 것을 보며 이렇게 평온하게 살아가고 있다. 여기에 우주의 신비와 경이로움이 있는 것이다.

©NASA

▲ 160만km 밖의 우주공간에서 심우주기후관측위성(DSCOVR)이 잡은 지구의 모습. 지구는 엄청난 속도로 움직인다. 적도에 있는 사람은 초속 약 500m, 북위 38도쯤에 있는 사람은 초속 370m로 공간이동한다.

지구의 길동무들, 행성을 소개합니다

태양이 절대군주로 군림하는 이 태양계의 식구들은 과연 어떤 특징들을 가지고 있을까? 이 구성원들을 대충 뽑아보자면 다음과 같다. 먼저, 태양을 중심으로 공전하고 있는 8개의 행성 및 위성, 소행성, 왜행성, 혜성, 유성체 등이 그 뼈대를 이루고 있다.

밤하늘을 바라보면 수많은 별들이 반짝인다. 가장 맑은 밤하늘에서 사람이 맨눈으로 볼 수 있는 별은 **6등성**까지로, 그 개수는 약 4천 개다. 그 사이에서 행성들을 찾기란 쉽지 않지만, 눈썰미 있는 사람에겐 그리 어려운 일이 아닐 수도 있다.

행성들은 매일 밤 다른 별들에 비해 조금씩 이동한다. 하루 이틀이면 눈에 잘 안 띄지만 한 달, 한 계절이 지나면 금방 알 수 있다. 게다가 밝기도 밝은 편이고, 이동하는 길도 태양이 지나는 길과 비슷하다. 행성들의 공전 궤도면과 지구의 공전 궤도면이 거의 일치하기 때문이다. 그래서 행성들은 일찍부터 사람들에게 알려졌다. 수성, 금성, 화성, 목성, 토성은 동서양 똑같이 예로부터 알고 있었던 행성들이고, 그 바깥으로 **천왕성, 해왕성**은 망원경이 발명된 후 발견된 것들이다.

8개 행성 중 지구의 공전궤도 안쪽에 위치한 행성을 내행성, 지구 궤도 바깥쪽에 위치한 행성을 외행성이라 한다. **내행성**은 수성, 금성, **외행성**은 화성, 목성, 토성, 천왕성, 해왕성이다.

행성을 분류하는 또 하나의 기준은 이루어진 주성분이 기체인가

내 생애 처음 공부하는 두근두근 천문학

고체인가로 따지는 것이다. 지구를 비롯해 수성, 금성, 화성처럼 단단한 고체 표면을 가진 행성을 **지구형 행성** 또는 **암석행성**이라 하고, 목성, 토성, 천왕성, 해왕성처럼 가스로 이루어진 행성을 **목성형 행성** 또는 **가스행성**이라고 한다.

얼른 봐도 암석행성들은 태양에 가까운 안쪽에 몰려 있고, 가스행성들은 바깥쪽으로 모여 있음을 알 수 있다. 그리고 암석행성들은 덩치가 작은 데 반해 가스행성들은 큰 덩치를 자랑한다.

암석행성이 아닌 가스행성이 된 것은 원시행성들이 형성될 때 암석이나 금속 같은 물질들이 풍부하지 않았기 때문이다. 반면에 태양의 에너지가 상대적으로 적게 미치는 영역에서 낮은 온도로 결정화된 수소와 암모니아, 메탄 등의 가스는 풍부해 그 가스가 암석 성분에 비해 빨리 뭉쳐져 거대한 가스행성들을 만들어낸 것이다.

이 행성들은 수성, 금성만 빼고는 모두 위성들을 가지고 있다. 지구는 달 하나뿐이지만, 목성은 2017년 기준으로 69개가 발견되어 가장 많은 위성을 가진 행성으로 등극했으며, 토성이 62개, 천왕성이 27개로 그 뒤를 잇고 있다. 위성은 계속 발견되는 추세인 만큼 그 숫자는 앞으로도 증가할 것으로 보인다.

8개 행성의 궤도는 대체로 정연하게 나열되어 있으며, 화성과 목성 사이의 황도면 부근에는 많은 소행성이 존재한다는 것이 발견되어 이를 **소행성대**라 불렀다. 소행성대 뒤로는 목성, 토성, 천왕성, 해왕성으로 구성된 목성형 행성이 나열되어 있고, 그 바깥으로는 얼음

덩어리들과 미행성들로 구성된 **카이퍼 띠**가 있으며, 가장 바깥쪽에는 **오르트 구름**이 있다.

　장주기 혜성의 고향인 오르트 구름은 일반적으로 태양에서 약 1만 AU, 혹은 태양의 중력이 다른 항성이나 은하계의 중력과 같아지는 약 10만AU 안에 둥근 껍질처럼 펼쳐져 태양계를 감싸고 있다. 성간 공간에 진입한 보이저 1호가 이 오르트 구름에 진입하는 것은 무려 300년 후의 일이며, 이 우주암석 구역을 벗어나는 것만도 3만 년이 걸릴 것으로 보인다.

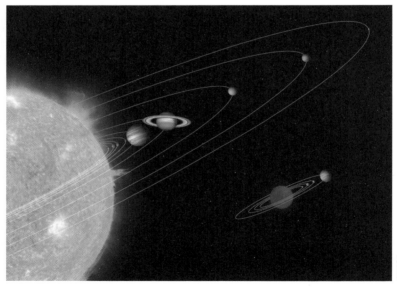

▲ 태양계 개념도. 궤도와 크기가 비율에 정확히 맞지는 않다.

내 생애 처음 공부하는 두근두근 천문학

수성-이것을 본다면 당신도 1%

지름 4,880km/태양으로부터의 평균거리 5,800km(0.4AU)

공전주기 88일/자전주기 59일/위성 없음

태양계 첫째 행성인 수성은 늘 태양 옆에 바짝 붙어다니기 때문에 수성을 본다는 것은 여간 어려운 일이 아니다. 해가 뜨거나 지기 직전에 잠깐 볼 기회가 있을 뿐이다.

행성운동의 법칙을 발견한 17세기의 위대한 천문학자 요하네스 케플러도 평생 수성을 한 번도 본 적이 없다고 한다. 수성을 본 사람은 인류의 1%도 안 될 것이다.

태양계에서 가장 안쪽을 도는 수성은 심하게 찌그러진 타원궤도로 태양 둘레를 도는데, 그 속도가 무척 빨라서 초속 50km로 날아 88일 만에 태양을 한 바퀴 돈다. 그런데도 자전속도는 느려터져서 한 바퀴 도는 데 59일이나 걸린다. 그런 관계로 수성의 하루 낮밤은 176일이나 된다. 게다가 대기가 거의 없기 때문에 낮과 밤의 온도차가 심해 햇빛을 쬐는 낮 쪽은 **430℃**, 밤 쪽은 **영하 170℃**나 된다.

수성의 표면은 지구의 달처럼 운석충돌이 만든 수많은 크레이터들이 널려 있다. 가장 큰 크레이터는 지름 1,550km인 **칼로리스 분지**로, 무려 한반도 크기의 2배에 달한다. 이 크레이터들에는 역사적으로 유명한 사람들의 이름이 붙여졌는데, 그중에는 우리나라 조선 시대의 문인 **윤선도**와 **정철**의 이름이 붙은 것도 있다.

수성의 다른 지형적 특징의 하나는 거대한 절벽들이다. **링클 리지**라고 불리는 거대한 절벽은 높이가 몇 km나 되며, 길이는 **500km**에 이르는 것도 있다. 수성의 생성 초창기에 내부가 얼어서 수축했을 때 생긴 주름살 같은 것이다.

수성을 최초로 방문한 우주선은 NASA에서 1973년 11월에 쏘아 올린 **매리너 10호**였다. 매리너는 금성을 지날 때 금성 대기를 조사하고 촬영했다. 수성 근방을 통과할 때는 300km까지 접근하여 수성의 온도를 알아내는 데 성공했다.

30년이 지난 후 또 다른 수성 탐사선이 장도에 올랐다. 2004년 8월 3일에 발사된 미국의 두 번째 탐사선 **메신저**가 그 주인공이다.

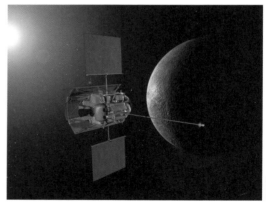

▲ 수성을 탐사하는 메신저 상상도. 메신저는. 2008년 1월과 10월에 수성에 200km까지 근접 비행하면서 수성 표면을 찍는 데 성공했다.

내 생애 처음 공부하는 두근두근 천문학

2011년 3월에 사상 최초로 수성 궤도에 들어가, 3천 번 이상 수성 궤도를 돌면서 수성 지도제작 등을 수행해온 메신저호는 2014년 10월, 기쁜 소식을 전해왔다. 수성의 북극에서 물로 생성된 **얼음**을 사상 처음으로 촬영하는 데 성공했다는 소식이다. 이는 태양광이 닿지 않는 북극 크레이터 속에서 포착된 얼음을 메신저가 촬영한 것으로, 그 양 또한 상당할 것으로 추측된다.

태양과 가장 가까워 펄펄 끓는 수성에 얼음이 있을 수 있는 이유는 자전축이 거의 0도에 가까워 북극에는 햇빛이 전혀 닿지 않기 때문이다. 과학자들이 수성의 물 연구에 열을 내는 이유는 **물의 근원**이 태양계 생성의 비밀을 풀어줄 실마리가 되기 때문이다.

메신저는 주요 관측임무를 매듭지은 후, 연료부족으로 2015년 4월 30일, 시속 1만 4천km의 속도로 수성에 충돌하면서 지름 15m 가량인 분화구 형태의 흔적을 남김으로써 인류가 수성에 남긴 첫 발자취가 되었다.

금성-지옥을 닮은 행성

지름 1만 2,100km/평균거리 1억 800만km(0.7AU)

공전주기 255일/자전주기 243일/위성 없음

금성은 하늘에서 해, 달 다음으로 밝은 천체다. 금성이 가장 밝을 때는 -4.6등급에 이르는데, 이런 밝기는 낮에도 맨눈으로 볼 수 있을 정도다. 그리고 반짝이는 모습이 너무나 아름다워, 서양에서는 미의 여신 비너스의 이름을 따와 금성을 **비너스**라 부른다.

우리나라에서도 예로부터 잘 알려져 있어, 새벽에 동쪽에 나타날 때는 **계명성**啓明星, **샛별**이라 하고, 저물녘 서쪽에 나타날 때는 **태백성**太白星, **개밥바라기**라 불렀다. 개가 저녁밥을 기다리는 시간에 뜨는 별이란 뜻이다. 우리 조상들의 유머 감각은 역시 남다르다.

이처럼 금성이 해뜨기 직전이나 해진 직후에만 보이는 것은 태양에서 두 번째 가까운 궤도를 돌고 있는 내행성이기 때문이다. 태양을 중심으로 공전하므로 달처럼 모양이 변하는 **위상변화**를 보이는데, 실제로 망원경으로 금성을 보면 초승달처럼 보일 때가 있다. 이것을 처음으로 확인한 **갈릴레오**는 **지동설**의 강력한 증거로 삼았다.

지구에서 볼 때 금성이 태양 너머에 있을 경우, 금성은 보름달 모양으로 보인다. 이때를 **외합**이라 하는데, 지구에서 금성이 가장 멀리 떨어져 있을 때다. 반대로 금성이 태양 앞으로 와서 지구와 가장 가까울 때를 **내합**이라 한다. 이때 금성까지의 거리는 4천만km를 넘지 않는데, 달을 제외하고 어떤 천체도 금성만큼 지구에 가깝지는 않다.

금성이 태양으로부터 가장 멀리 있을 때는 반달처럼 보이는데, 이때를 **최대이각**이라 한다. 태양-지구-내행성이 이루는 가장 큰 각이란 뜻이다. 동쪽에서 가장 멀리 있을 때를 **동방 최대이각**, 서쪽으로 가장 멀리 있을 때를 **서방 최대이각**이라 한다. 수성의 최대이각이 28도에 지

내 생애 처음 공부하는 두근두근 천문학

나지 않은 데 비해 금성의 최대이각은 47도나 된다. 그만큼 태양으로 부터 멀리 떨어지기 때문에 관측하기가 쉽다는 뜻이기도 하다.

금성은 **584일**마다 지구를 앞질러간다. 따라서 금성은 저녁의 개밥 바라기로 보이다가, 내합이 지나고 나면 새벽의 샛별로 보이게 된다.

금성은 여러 모로 지구와 닮은 행성이다. 성분이나 밀도도 비슷할 뿐만 아니라, 크기나 무게도 엇비슷하다. 금성의 지름은 지구의 0.95 배이고, 질량은 지구의 0.82배, 중력은 0.91배로 지구와 큰 차이가 없 다. 그래서 사람들은 금성을 지구의 쌍둥이, 자매 행성이라 부르기도 한다.

이렇게 닮은 금성과 지구는 태어난 이래 비슷한 진화의 길을 걸어 왔다. 하지만 지구는 바다가 출렁이고 사계절이 있는 아름다운 생명 의 행성이 되었고, 금성은 표면이 납이 녹는 온도인 400℃ 열기로 펄 펄 끓고 황산 비가 내리는 지옥의 행성이 되었다. 무엇이 이 두 행성 의 운명을 이렇게나 갈랐을까?

그 해답은 바로 **이산화탄소**에 있다. 금성이 갓 태어났을 무렵, 표면 은 이산화탄소를 많이 품은 물질들로 뒤덮여 있었다. 이것이 햇빛을 받으면서 증발해서 대기를 이루게 되었다. 이산화탄소는 **온실효과***

---

*   대기의 주성분인 질소와 산소가 태양과 지구 복사 에너지를 모두 통과시키는 반면, 이산화탄소, 메탄, 오존, 수증기 등은 마치 온실의 유리와 같은 역할을 하여 복사 에너지를 통과시키지 않고 흡수한다. 그 결과 지표면의 온도를 높이는데, 이를 온실효과라 한다.

를 가져오는 기체다. 지구에서도 온실효과를 일으키는 주범으로 찍혀 있다.

이처럼 금성 대기는 두터운 이산화탄소로 이루어져, 한번 들어온 태양열은 빠져나가지 못한다. 이것이 수십억 년 쌓이다보니, 오늘날 금성 표면은 400℃가 넘는 염열지옥이 되고 말았다. 태양계에서 가장 뜨거운 행성이다. 1958년, 과학자들은 황산으로 이루어진 짙은 구름과 두터운 대기로 가려져 있는 금성을 향해 전파를 쏘아보내 관측한 결과, 금성 표면온도가 400℃가 넘는다는 사실을 알아냈다.

금성은 또 90기압의 두터운 대기를 가지고 있는데, 이는 바닷속 1km 깊이에서 받는 압력과 같다. 웬만한 건 다 짜부라지고 만다. 게다가 금성 하늘을 빈틈없이 뒤덮은 짙은 황산 구름에서 황산 비까지 내리니, 가장 지옥을 닮은 행성이란 별명을 얻게 되었다.

금성이 눈부시게 반짝이는 것은 이 황산 구름이 햇빛을 잘 반사하기 때문이다. 그러니까 우리가 보는 아름다운 금성은 사실 금성의 황산 구름이다. 닿으면 피부가 타는 바로 그 위험한 물질 말이다.

금성이 지구와 다른 길을 걷게 된 원인이 또 하나 있는데, 그것은 금성에는 자기마당이 없다는 점이다. 지구는 자전속도가 빨라서 지구를 둘러싼 자기마당이 생긴다. 그래서 이 자기마당이 태양풍으로부터 지구 대기가 깎여나가는 것을 막아준다. 하지만 금성은 자전속도가 너무 느려 자기마당이 생기지 않은 결과, 태양풍 포격에 고스란히 당할 수밖에 없다.

금성의 또 다른 특징은 자전주기가 공전주기보다 길다는 점이다. 태양을 한 바퀴 도는 데 224일이 걸리는 데 비해, 자전주기는 그보다 19일이 많은 243일이다. 게다가 자전 방향도 여느 행성과는 반대다. 보통 행성들은 북반구에서 볼 때 시계 반대방향으로 자전하는데, 금성만은 시계 방향으로 돈다. 따라서 대부분의 행성에서는 태양이 동에서 떠서 서로 지지만, 금성에서는 서에서 떠서 동으로 진다는 얘기다. 그 이유는 아직 밝혀지지 않았다. 다만 수십억 년 동안 무겁고 두꺼운 대기의 조석력 때문에 자전속도가 점차 느려졌을 것이라는 가설이 있다.

금성의 지표는 평지, 산맥, 협곡, 계곡과 충돌 크레이터로 이루어져

▲ 유럽 우주국의 비너스 익스프레스. 2005년 11월 발사된 유럽 최초의 금성 탐사선으로, 금성의 온실효과를 규명하는 것이 미션이다. 2006년 4월 금성 궤도에 진입했고, 4월 12일 금성의 남극지대를 적외선으로 촬영하여 처음으로 전송했다.

있다. 금성의 표면은 1989년 5월 NASA가 발사한 **마젤란 탐사선**에 의해 더욱 자세하게 알려졌다. 마젤란이 레이더로 금성 표면과 중력장을 조사한 결과, 금성 표면에서는 활발한 화산활동의 흔적이 발견되었으며, 대기 중에 황이 발견되어 일부 화산이 지금도 활동하고 있음을 알게 되었다.

1990년 8월 10일 금성 궤도에 도착한 이래, 궤도를 돌면서 금성 표면의 99%의 지도를 작성한 마젤란 탐사선은 금성의 혹독한 환경을 더 이상 견디지 못해 1994년에 금성 대기로 뛰어들어 일생을 마쳤다.

화성-탐사차들이 달리고 있다

지름 6,800km/평균거리 2억 2,800만km(1.5AU)

공전주기 687일/자전주기 1.03일/위성 2개

공상 과학소설이나 만화에 가장 많이 등장하는 행성이라면 단연 화성이다. 화성의 영어 이름 **마스Mars**는 로마 신화에 등장하는 전쟁의 신 **마르스**에서 따온 것이다. 예로부터 화성은 태양계 행성 중 사람들의 관심을 가장 많이 끈 행성이다. 그런데 불행히도 나쁜 의미의 관심이었다. 붉은빛을 띠고 있어, 전쟁이나 재앙과 결부시켜 생각한 민족이 많았던 것이다. 예를 들면 화성이 평시보다 밝게 빛나면 전쟁

내 생애 처음 공부하는 두근두근 천문학

이 일어난다고 생각했다.

화성이 붉게 보이는 것은 화성 흙에 녹슨 **철분**이 많기 때문이다. 그리고 이런 흙먼지로 뒤덮인 하늘은 지구의 하늘처럼 푸르지 않다. 화성의 하늘색은 고운 살구색 같은 분홍빛을 띤다. 지구의 상징색이 **청색**이라면, 화성의 상징색은 **분홍색**이다.

하늘에서 태양, 달, 금성 다음으로 밝은 화성은 밤하늘에서도 찾기가 쉽다. 황도대를 더듬어가다 붉게 빛나는 밝은 별이 보이면 그게 화성이다. 가장 밝을 때는 −2.8등급이다.

화성은 지구 바로 바깥쪽, 그러니까 태양의 네 번째 궤도를 도는 외행성이자 지구형 행성, 즉 암석행성이다. 인류가 우주선으로 가서 착륙할 수 있는 유일한 행성이기도 하다. 그만큼 지구와 가장 비슷한 환경을 가진 행성이라 할 수 있다. 게다가 화성은 지구에서 비교적 가까이에 있고, 약간이나마 대기가 있으며, 양극 근처에는 얼음도 있다는 사실이 밝혀져, 인류가 탐험할 수 있는 좋은 행성이다. 이런 이유로 가장 많은 탐사선을 보내고 있는 행성이기도 하다.

화성이 지구와 가장 닮은 점은 자전운동이 비슷하다는 것이다. 화성의 자전축은 지구와 거의 같은 각도인 25.2도로 기울어져 있으며, 자전주기, 곧 하루의 길이는 지구보다 약간 긴 24시간 37분이다. 사계절이 있는 것도, 양극이 얼음이나 **드라이아이스**로 덮여 있는 것도 지구와 비슷하다.

그런데 지구와 사뭇 다른 것이 공전궤도다. 태양을 중심으로 한 지구의 공전궤도는 거의 원에 가깝지만, 화성의 공전궤도는 많이 찌그러진 타원궤도다. 그래서 지구와 가장 멀 때는 그 거리가 1억 200만 km나 되고, 가장 가까울 때는 약 5천만km까지 지구에 접근한다. 이것을 **대접근**이라 하는데, 이때는 지구-태양 거리의 3분의 1 정도. 이런 대접근은 15~17년을 주기로 일어난다.

화성의 움직임 중엔 **역행운동**이란 게 있다. 예로부터 천문학자들을 골탕 먹인 현상으로 유명하다. **천동설**로는 설명하기 어려운 현상이었기 때문이다.

화성은 서쪽에서 동쪽으로 운동하는데, 어떤 시점에서 방향을 반대로 바꾸어 동쪽에서 서쪽으로 운동할 때가 있다. 이것을 화성의 역행운동이라 한다. 실제로는 화성이 거꾸로 가는 게 아니라, 안쪽 궤도를 도는 지구가 화성을 앞지르기 때문에 일어나는 현상이다. 도로에서 옆 차로의 차를 앞지르면 그 차가 마치 뒤로 가는 듯이 보이는

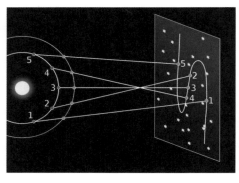

▶ 화성의 역행운동. 지구(파란색)가 화성(빨간색)과 같은 외행성을 지날 때, 외행성이 일시적으로 반대 방향으로 하늘을 가로지르는 것처럼 보이는 현상이다.

©wikimedia, Brian Brondel

내 생애 처음 공부하는 두근두근 천문학

것과 같은 이치다. 그래서 **겉보기 역행운동**이라 한다.

화성은 태양에서 멀리 떨어져 있는 데다 대기가 지구의 100분의 1 밖에 안 되며, **이산화탄소**가 95%를 차지하고 있다. 화성의 대기가 이렇게 빈약한 것은 화성의 중력이 지구의 38%밖에 안 되기 때문이다. 그리고 대기가 희박하기 때문에 열을 유지할 수 없어 여름철의 최고 기온은 25℃이며, 겨울철에는 영하 125℃까지 떨어진다.

화성은 지구와 달리 달이 두 개나 있다. 하지만 크기가 작다. 지름 27km짜리 큰 것은 **포보스**, 16km짜리 작은 것은 **데이모스**라 하는데, 둘 다 화성의 중력에 잡힌 소행성이라 한다. 그래서인지 생김새는 감자처럼 울퉁불퉁하다.

화성의 지형을 보면, 지질 작용이 잦았던 흔적을 찾을 수 있다. 남반구는 비교적 편평하고 크레이터가 많아 초기의 표면상태가 그대로 남아 있는 반면, 북반구는 절반이 젊은 지형으로 거대한 용암분지와 화산이 많다. 화성의 지형 중 가장 눈길을 끄는 것은 엄청난 규모의 화산이다. **올림푸스**라는 이 화산은 봉우리가 하나인데, 그것이 주저앉은 너비가 600km나 되고 높이는 무려 27km로, 지구의 최고봉인 에베레스트 산보다 3배나 높다. 태양계에서 가장 높은 산이다.

올림푸스 산만큼이나 눈길을 끄는 지형은 또 있다. 바로 **마리네리스 협곡**이다. 화성에는 물이 흐른 흔적으로 추측되는 협곡들이 많지만, 이 계곡이 단연 으뜸이다. 그 크기가 길이 4천km, 폭 200km, 깊이 10km나 된다. 그래서 **화성의 흉터**라는 별명을 얻었다. 지구의 그

랜드 캐니언은 여기에 비하면 마을 앞 실개천 정도다. 마리네리스 협곡 안에는 물이 없다. 낮은 기압 때문에 먼 옛날에 외계로 다 빠져나갔을 거라고 추측된다.

인류의 화성 탐사는 1956년 **매리너 4호**로 시작되어, 1975년 **바이킹 1, 2호**가 화성 표면에 연착륙함으로써 본격적으로 막이 올랐다. 2003년에는 NASA에서 쌍둥이 화성 탐사차들을 화성 표면에 안착시켰다. **스피릿**과 **오퍼튜니티**라는 이름의 두 탐사 로봇은 2004년 1월에 각각 화성의 서로 반대편 지역에 무사히 착륙하여, 토양과 암석을 분석하는 등, 탐사임무를 시작했다.

NASA는 다시 2012년 8월, 세계인들이 숨죽이고 지켜보는 가운데

©NASA/JPL–Caltech

▶ 화성 표면에 착륙하는 탐사 로봇 큐리오시티. 첨단 카메라와 갖가지 과학장비를 갖춘 큐리오시티는 지금껏 4년 넘게 화성 표면을 돌아다니며 탐사를 계속하고 있다.

1톤이나 되는 화성 탐사 로봇 **큐리오시티**를 화성 지표에 사뿐히 내려 앉히는 데 성공했다.

첨단 카메라와 갖가지 과학장비를 갖춘 큐리오시티는 지금껏 5년 넘게 화성 표면을 돌아다니며, 흙과 암석에서 생명체에 필수적인 물과 미생물을 찾는 임무를 수행해나가고 있다.

얼마 전에는 네덜란드의 한 민간기관이 화성에 정착촌을 만들 지원자를 공모했다. 한번 가면 다시는 지구에 돌아올 수 없다는 조건인데도 최종 20명을 선발하는 이 모집에 지원자가 무려 20만 명이나 몰렸다고 한다.

목성-지구의 든든한 경호원

지름 14만 3천km/평균거리 7억 8천만km(5AU)

공전주기 12년/자전주기 10시간/위성 80여 개

목성의 특징은 뭐니뭐니해도 그 엄청난 덩치다. 지름이 지구의 11 배, 달의 40배나 된다. 달보다 40배나 큰 천체가 달의 자리에 있다고 생각해보라. 공포심을 자아내기에 충분할 것이다.

태양계 8개 행성 중에서 제일 큰 것은 물론, 그 행성들을 모두 합친 질량의 3분의 2 이상을 차지한다. 그래서 밝기도 금성 다음으로 밝아, 가장 밝을 때는 -2.5등급을 기록하기도 한다. 신들의 왕인 **주피**

터가 목성의 영어 이름이 된 것도 이런 이유 때문이리라.

5번째 태양계 궤도를 도는 목성은 고체의 핵 주위에 가스가 둘러싸 있는 가스행성으로, 태양으로부터 지구보다 5배 이상 떨어진 거리에 있어 태양을 한 바퀴 도는 데도 12년이나 걸린다. 하지만 자전 속도는 행성 중에서 가장 빨라 10시간 안에 한 바퀴를 돈다. 덩치 에 비해 몸놀림이 재빠르다 할까?

목성에서 유명한 것은 4대 위성이다. 작은 망원경으로 목성을 봐도 이 **4대 위성**을 다 볼 수 있다. 4개의 위성들이 엄마별인 목성을 가운데 두고 일직선으로 늘어서 있는 광경은 얼마나 아름다운지 모른다. 여러분도 꼭 그 광경을 보기 바란다.

이 4대 위성을 가장 먼저 발견한 사람은 **갈릴레오**였다. 1610년 갈릴레오는 손수 만든 작은 굴절 망원경으로 이 4개의 위성을 발견하고는 크게 놀랐다. 그가 그토록 주장하던 태양 중심설의 실제 모형을 하늘에서 발견했다고 생각했던 것이다. 그후 갈릴레오는 목성 체계를 지동설의 강력한 증거로 내세웠다. 그래서 이 네 위성을 **갈릴레이 위성**이라 부른다.

목성에 가까운 순서대로 이오, 유로파, 가니메데, 칼리스토라고 이름 붙여진 갈릴레이 위성 중에서 **이오**는 달보다 좀 더 크고, 가장 작은 **유로파**는 달보다 약간 작은 편이다. 바깥쪽에 있는 **가니메데**는 태양계에서 가장 큰 위성으로 수성보다도 크고, **칼리스토**는 4대 위성 중 두 번째로 크다.

▶ 물이 있는 유로파의 모습을 그린 상상도

갈릴레이 위성 중 가장 관심을 끄는 것은 유로파다. 유로파의 크기는 4대 위성 중 가장 작고(지름 약 3,130km), 질량은 달의 0.65배 정도다. 그런데 이 유로파의 얇은 지각 밑에는 액체 상태의 바다가 있다는 것이 밝혀졌다. 얼마 전에는 유로파 남반구에서 **물기둥**이 분출되는 광경이 망원경에 잡히기도 했다. 물기둥은 2개이며, 솟구치는 높이는 각각 200km나 되었다. 이래저래 유로파는 태양계에서 생명체가 존재할 가능성이 가장 높은 천체로 탐사의 인기품목이 되고 있다.

목성은 이 4대 위성 외에도 무려 60개가 넘는 위성 식구들을 거느리고 있다. 태양계 행성 중 가장 큰 대가족이라고 할 수 있다. 현재 목성의 위성은 NASA의 자료에 의하면 태양계에서 가장 많은 69여

개가 알려져 있고, 지금도 계속 발견되고 있다.

목성의 위성이 많은 이유 중 하나는 바깥에서 날아드는 소행성들이 목성의 강한 중력에 붙잡혔기 때문이다. 목성은 이처럼 내부 태양계로 들어오는 소행성을 붙잡기도 하고 바깥으로 내던지기도 한다. 만약 그러지 않았더라면 그중 많은 수가 지구를 들이받았을지도 모른다. 그런 뜻에서 목성은 지구의 든든한 경호원이기도 하다. 앞으로 밤하늘에서 목성을 만난다면 꼭 고맙다는 인사를 하기 바란다.

목성의 대기는 주로 수소와 헬륨으로 이루어져 있으며 약간의 암모니아와 메탄이 존재한다. 목성의 대기에서 가장 유명한 것은 목성의 남반구에 있는 **대적점**이다. 목성의 소용돌이 폭풍 구름인 이 대적점은 타원 모습이며, 크기는 지구 두 개가 너끈히 들어갈 정도다.

대적점 내의 풍속은 지구 폭풍 풍속의 두 배쯤인 초속 100m에 가깝다. 1664년 영국의 **로버트 후크**가 처음 발견한 이래 340년이 지났는데도 이 태풍의 위력이 좀처럼 줄어들지 않는 것은, 지구와 달리 딱딱한 지표가 없는 목성 표면이 마찰력을 내지 못하기 때문이다.

대적점 외에도 목성 표면에는 여러 갈래의 줄무늬가 보인다. 검은 줄무늬를 띠(belt), 밝은 줄무늬를 대(zone)라고 한다. 대는 띠보다 온도가 낮고, 더 높은 상층에 있다.

1979년 토성에만 있는 줄 알았던 고리가 목성에도 있다는 것이 밝혀져 사람들을 놀라게 했다. 그것을 발견한 것은 사람이 아니라 **보이저 1호**였다. 목성의 고리는 토성과 천왕성에 이어 태양계에서 세 번째로 발견된 것이다.

처음으로 목성에 가까이 다가가 관측한 탐사선은 NASA의 **파이어니어 10호**였다. 초속 14km로 지구를 떠난 파이어니어는 1년 9개월을 쉼 없이 날아 1973년 12월 목성에 접근, 13만km 목성 상공에 도착해서 촬영한 사진 500여 장을 지구로 쏘았는데, 인류는 이때 처음으로 목성의 북극을 볼 수 있었다.

1989년 10월, 지구를 떠나 목성으로 향한 **갈릴레오호**는 길이 9m, 지름 4.8m(안테나)로, 특히 기억에 남는 탐사선이다. 궤도선과 탐사선으로 이루어진 갈릴레오는 1990년 2월 금성을 거쳐, 1995년 12월 드디어 목성 궤도에 진입해 1997년 10월까지 목성을 관측했다.

갈릴레오는 목성의 대기와 위성에 대한 탐사활동을 벌이는 한편, 신고 간 원추 모양의 로봇 탐사선을 목성의 구름 사이로 떨어뜨렸다. 탐사선은 목성 대기의 높은 기압과 온도에 의해 짜부라지기 직전까지인 58분 동안, 200km의 목성 대기층을 통과하면서 대기의 온도, 기압, 화학 조성 등을 측정, 지구로 보고했다. 탐사선은 한 시간 만에 목성으로 추락하고 말았지만, 궤도선은 8년 동안 목성 주위를 34번이나 선회하면서 목성과 그 위성들을 탐사했다.

갈릴레오호의 발견 중에는 위성 유로파의 얼음 표층 아래에 물로 된 바다가 있을 것이라는 사실의 증거 등도 포함돼 있다. 과학자들은 이 바다가 지구의 대서양과 태평양을 합친 것보다 더 클 것이라고 믿고 있으며, 어쩌면 그 속에 외계 생명체가 있을지도 모른다고 생각하

▲ 목성을 탐사하는 갈릴레오호 상상도. 1989년 10월, 지구를 떠나 목성으로 향한 갈릴레오호는 8년 동안 목성 궤도를 돌면서 임무를 훌륭하게 수행한 끝에 2003년 9월 21일 목성과의 충돌로 최후를 맞았다.

고 있다.

갈릴레오호는 8년 동안 목성 궤도를 돌면서 그 임무를 훌륭하게 수행한 끝에 2003년 9월 21일에 최후를 맞았다. 오랜 여행으로 낡아진 갈릴레오는 제어용 로켓의 연료가 떨어짐에 따라 더 이상 운항이 불가능하게 되었다. 그 상태대로 궤도를 떠돌게 놔둔다면 연료로 쓰던 플로토늄을 가진 채 유로파에 떨어져 그곳 바다를 방사능으로 오염시키고, 혹시 있을지도 모를 생명체를 죽일지도 모른다고 판단한 NASA는 갈릴레오호에게 목성과의 충돌을 명령했다.

갈릴레오호는 관제소의 마지막 명령에 따라 고도 9천km에서 목성과의 충돌 항로로 방향을 틀었고, 마지막으로 우주와 목성 대기권 사이에 있는 외기권의 성분 분석을 보고한 후, 목성의 구름 속으로 모습을 감추었다. 그리고 얼마 후 파괴되어 그 원자들을 목성의 바람 속으로 흩뿌렸다.

14년 동안 지구-태양 거리의 30배에 이르는 총 45억km를 항행하면서 목성 탐사임무를 완수한 갈릴레오호는 이렇게 자신의 삶을 마감했다. 어떤 면에서 그것은 오랜 연금생활 끝에 두 눈을 실명하고 임종한 갈릴레오 갈릴레이의 운명과 닮은꼴이었다.

NASA의 한 과학자가 마치 친구의 임종을 지켜보는 듯한 말투로 이렇게 읊조렸다고 한다. "갈릴레오호가 탐사선과 재결합했습니다. 이제 둘 모두 목성의 일부가 되었습니다."

토성-천문학자를 가장 많이 배출한 행성

지름 12만km/평균거리 14억 3천만km(9.5AU)

공전주기 29.6년/자전주기 10.7시간/위성 60여 개

토성의 모양을 모르는 사람이 있을까? 다른 행성은 몰라도 아름다운 고리를 가진 토성만큼은 아는 사람이 많다. 이처럼 토성은 우주에서도 으뜸가는 유명 천체다.

실제로 토성을 보고 천문학을 전공하게 됐다느니, 별지기 세계에 입문했다느니 하는 말들을 많이 한다. 그래서 이 천문동네에서는 천

문학자를 가장 많이 배출한 대학은 토성 대학이라는 우스갯소리도 있다.

예로부터 많은 사람들의 사랑과 동경을 받아온 토성은 맨눈으로 볼 수 있는 마지막 행성이다. 18세기 말에 **허셜**이 망원경으로 **천왕성**을 발견하기 전까지는 토성까지가 행성의 전부라고 생각했다.

토성의 고리를 처음 발견한 사람은 역시 **갈릴레오**였다. 그런데 망원경이 시원찮아 선명한 고리는 못 보고, 삐죽한 고리 양끝만 보고는 "토성의 양쪽에 귀 모양의 괴상한 물체가 붙어 있다"고 했다.

그것이 고리라는 사실이 처음으로 밝혀진 것은 갈릴레오의 발견으로부터 50년쯤 뒤의 일이었다. 망원경을 개량하여 토성의 고리를 발견한 사람은 네덜란드의 천문학자 **크리스티안 하위헌스**(1629~1695)다. 그는 고리에 대해 이렇게 썼다. "토성은 황도 쪽으로 기운 납작하고 얇은 고리로 둘러싸여 있고, 그 고리는 어디에도 닿아 있지 않다."

토성의 고리가 하나가 아니라 여러 개라는 사실은 1675년 **조반니 카시니**가 밝혀냈다. 또한 그는 성능 좋은 망원경으로 고리 사이의 큰 틈새를 찾아냈는데, 오늘날 **카시니 틈**(간극)이라 부르는 그것이다. 그 벌어진 간격의 폭이 수천km라 틈이라 부르기엔 좀 어울리지 않지만.

사진을 보면, 수많은 얇은 고리로 이루어진 토성의 고리는 꼭 납작한 레코드판 모양을 하고 있다. 판 한 장으로 보이는 토성의 고리는 실제로는 천 개 이상의 가는 고리들이 모여 만든 것이다. 고리들은 적도면에 나란히 자리잡고 있으며, 토성 표면에서 약 7만~14만km

▶ 토성을 탐사하는 카시니호. 토성 고리에 카시니 틈이 보인다.

©NASA/JPL–Caltech

까지 뻗어 있다.

　토성의 고리는 아주 작은 알갱이 크기에서부터 기차만 한 크기의 얼음들로 이루어져 있는데, 99.9%가 물이다. 이 거대한 우주의 레코드판은 지름이 무려 **30만km**에 달하며, 이는 지구에서 달까지의 거리와 비슷하다.

　목성과 마찬가지로 가스행성인 토성은 태양계 행성 중 목성 다음으로 크며, 지름은 지구의 9.5배, 질량은 약 95배나 되는 덩치를 자랑한다. 그런데 밀도는 물보다 낮은 0.7로, 태양계에서 가장 낮다. 그래서 목성 크기의 물그릇에 토성을 던져넣는다면 물 위에 둥둥 뜨는 모습이 될 것이다.

　토성의 공전속도는 지구의 약 3분의 1인 초속 9.9km로, 태양을 한 바퀴 도는 데 30년이나 걸린다. 인간의 한 세대와 맞먹는 시간이다. 자전축이 26.7도 기울어져서 공전을 하므로 지구처럼 계절도 생긴다. 그리고 지구에서 봤을 때 대략 30년을 주기로 고리의 모습이 바뀌는데, 고리의 평면이 태양과 일치할 때 우리의 시각에서는 토성의 고리가 보이지 않게 된다. 이런 현상은 한 주기에 두 번, 즉 약 15년에 한 번씩 일어난다.

수소 분자가 가장 많은 토성의 대기 성분 역시 목성과 비슷하다. 목성처럼 띠가 있는데, 목성보다 희미하고 소용돌이 수도 적다. 가끔 커다란 소용돌이가 나타나지만 목성의 대적점에 비하면 아주 작다.

토성 가족도 목성에 버금가는 대가족이다. 지금껏 알려진 위성의 수만도 62개나 된다. 그중에서 가장 큰 위성은 목성의 **가니메데** 다음으로 태양계에서 두 번째 큰 **타이탄**이다.

1655년 하위헌스가 처음 발견한 **타이탄**은 위성으로서는 드물게 대기를 가지고 있다는 것이 특징이다. 그것도 지구의 1.5배나 진한 대기다. 질소가 주성분이고, 메탄도 섞여 있는 두터운 오렌지색 대기로 완전히 둘러싸여 그 내부를 들여다볼 수 없다. 지름이 5천km 남짓으로 지구의 반밖에 안 되는 위성에 이렇게 두터운 대기가 존재한다는 것이 수수께끼였다.

이 수수께끼는 토성에 처음 접근한 **파이어니어 11호**가 풀었다. 1979년 파이어니어는 토성과 위성들의 사진을 찍으면서 타이탄의 온도도 측정했는데, 무려 영하 180℃였다. 이렇게 차갑기 때문에 대기를 붙잡아둘 수 있었던 것이다. 또한 타이탄에는 액체로 된 **메탄 바다**가 있는 것으로 밝혀져 지구인의 흥미를 끌고 있다.

1980년과 1981년에는 **보이저 1, 2호**가 외부 태양계로 나가는 도중에 토성에 들러 토성과 고리의 선명한 영상을 얻기도 했지만, 토성

내 생애 처음 공부하는 두근두근 천문학

탐사의 결정판은 미국과 유럽이 공동 개발하여 1997년 10월 발사한 **카시니-하위헌스호**다. 카시니는 미 NASA(항공우주국)에서 제작한 토성 궤도선이고, 하위헌스는 ESA(유럽 우주국)에서 만든 위성 탐사선이다. 이 둘로 이루어진 카시니-하위헌스는 토성 궤도에 진입해 현재 각각의 임무를 수행하고 있다.

2004년 7월 1일, 토성 주위를 공전하는 최초의 탐사선인 카시니는 토성 궤도에서 장기간 탐사를 시작했다. 그리고 2005년 1월 하위헌스 탐사선은 타이탄 지표에 투하되었다. 투하 과정에서 대기 분석 등

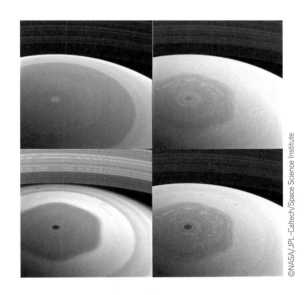

©NASA/JPL-Caltech/Space Science Institute

▲ 토성의 육각형 구름. 원인이 밝혀지지 않은 이 육각형 구름은 우주에서 일어나는 가장 아름다운 미스터리로 평가받고 있다.

임무를 수행하고 무사히 착륙했다. 2008년에 카시니호는 임무를 마칠 예정이었으나, 기간이 연장되어 지금도 탐사를 계속하고 있다.

카시니가 찍은 사진 중 가장 관심을 끈 것은 토성의 북극에서 발견한 육각형으로 회전하는 구름이다. **육각형 구름**으로 불리는 이 구름이 차지하는 영역은 지구의 두 배쯤 되며, 그 안에서 제트류가 초속 100m로 회전하고 있는 것으로 보인다. 이 육각형 구름은 우주에서 일어나는 가장 아름다운 미스터리로 평가받고 있다. 생긴 것처럼 수많은 비밀을 품고 있는 토성은 앞으로 탐사가 진행되면 더 많은 비밀이 밝혀지리라 예상된다.

천왕성-음악가가 발견한 행성

지름 5만 1천km/평균거리 28억 7,500만km(19AU)
공전주기 84년/자전주기 17시간/위성 27개

1781년은 천문학사에 굵은 선 하나가 그어진 해다. 태양계의 크기가 하루아침에 2배로 넓어졌기 때문이다. 오르간 연주로 생계를 꾸려가던 한 별지기가 손수 만든 망원경으로 태양계의 제7행성, **천왕성**을 발견했던 것이다. 이리하여 천왕성은 맨눈이 아닌 망원경으로 발견된 최초의 행성이 되었다.

천왕성 발견의 주인공은 전직 오르간 연주자로 **윌리엄 허셜**

(1738~1822)이라는 무명의 아마추어 천문가였다. 그는 천왕성 발견 하나로 문자 그대로 팔자를 고쳤다. 하루아침에 유명인사가 되었을 뿐 아니라, 영국왕 조지 3세를 궁정에서 알현하고 연봉 200파운드의 왕실 천문관에 임명되었다.

허셜이 발견한 천왕성은 태양으로부터 평균 19AU, 즉 29억km 떨어진 변두리를 공전하는 일곱 번째 행성이다. 지구와 비교할 때 지름은 4배, 부피는 63배 정도이지만, 가스행성들 중에서 가장 밀도가 작아서 질량은 약 14.5배다. 중력은 지구의 0.89배이고, 밝기는 5.3등급에 지나지 않아 육안으로 겨우 보일 정도다.

천왕성의 공전주기는 사람의 일생과 맞먹는 **84년**이고, 자전주기는 1986년 1월에 접근해서 관측한 보이저 2호에 의해 약 17시간임이 밝혀졌다.

천왕성은 배율 높은 망원경으로 보면 아름다운 청록색을 띠는데, 그것은 **메탄**의 비율이 높은 천왕성 대기가 태양빛의 적색 파장을 흡수하고 청색과 녹색의 파장을 반사하기 때문이다. 그럼에도 천왕성 대기는 수소(83%)와 헬륨(15%)이 대부분을 차지한다.

천왕성의 가장 기묘한 점은 자전축이 공전 궤도면에 대해 98도나 기울어져 있다는 사실이다. 말하자면 거의 벌러덩 누워버린 꼴이다. 지구를 포함한 다른 행성들도 자전축이 기울어져 있지만, 수직에서 크게 벗어나진 않는다. 목성은 3도, 지구는 23도 정도 기울어져 있으며, 토성과 해왕성은 29도 정도다. 하지만 천왕성의 자전축은 수직보

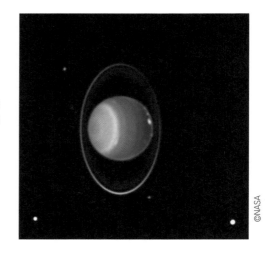

▶ 누워서 공전하는 천왕성. 1997년에는 천왕성에도 고리가 있다는 사실이 밝혀졌다.

©NASA

다는 수평 방향에 더 가깝다. 즉, 다른 행성들은 팽이처럼 자전하며 태양을 공전하고 있지만, 천왕성은 바퀴가 굴러가듯 자전하며 태양을 돌고 있는 것이다.

이 때문에 천왕성의 밤낮은 자전에 따라 바뀌는 것이 아니라 궤도상의 위치에 따라 달라진다. 예를 들어, 천왕성의 남극이나 북극 중 어느 한쪽이 태양을 향하면 다른 쪽은 밤만 계속된다. 천왕성의 자전축이 심하게 기울어진 원인은 생성 초기에 다른 큰 천체와 충돌한 때문이 아닐까 추측할 뿐, 정확한 이유는 아직 모른다.

불과 얼마 전까지만 해도 고리는 토성만 가진 줄 알았는데, 천왕성도 고리가 있다는 사실을 알아냈다. 탐사선이 가서 알아낸 것도 아니고, 망원경으로 보여서 알아낸 것도 아니다. 다름 아닌 천왕성 뒤의

내 생애 처음 공부하는 두근두근 천문학

별을 통해 알게 되었다. 1977년 천왕성이 그 별 앞으로 지날 때를 자세히 관측하게 되었는데, 천왕성이 그 별을 가리기도 전에 별빛이 다섯 번 반짝이는 걸 발견했다. 이는 천왕성 바깥의 무언가가 별빛을 가린다는 뜻이다. 그게 바로 고리였다.

천왕성의 위성은 현재 27개로 알려져 있지만, 가장 큰 5개 위성만 둥근 구형을 이루고 있을 뿐, 나머지는 모두 작고 삐뚤빼뚤하다. 천왕성의 가장 큰 위성인 **티타니아**의 지름은 1,578km로 달 지름의 절반에도 미치지 못한다.

이제껏 천왕성을 방문한 지구의 탐사선은 NASA의 **보이저 2호**가 유일하다. 1977년에 발사된 이 탐사선은 8년 5개월간 29억km 비행한 끝에 1986년 천왕성에 도착했다.

보이저 2호는 지구에서 달까지 거리의 2배 정도까지 천왕성에 접근하여 지나면서 천왕성을 촬영했다. 그리고 10개의 위성과 두 개의 고리를 더 찾아내는 등 많은 사실들을 밝혀냈다.

그로부터 25년 후인 2011년 3월, 천왕성은 다시 지구인이 보낸 물건을 보게 됐는데, 명왕성으로 가던 NASA의 **뉴호라이즌스**가 옆을 스쳐가는 모습이었다. 하지만 이 탐사선은 갈 길이 먼 나머지 천왕성에서 놀 시간이 없었다. 그래서 못 본 척 그냥 스쳐지나가는 뉴호라이즌스를 천왕성은 서운한 눈길로 바라볼 수밖에 없었다.

해왕성-종이와 연필로 발견한 행성

지름 4만 9천km/평균거리 45억km(30AU)

공전주기 165년/자전주기 16시간/위성 13개

태양계 마지막 행성인 **해왕성**은 흔히 종이와 연필로 발견한 행성이라 한다. 뉴턴이 만든 중력 공식으로 계산한 끝에 발견했기 때문이다.

1781년 허셜이 발견한 천왕성이 이상한 움직임을 보인다는 것은 많은 사람들이 아는 사실이었다. 이는 분명 천왕성 바깥에 있는 미지의 행성 때문이라고 생각했다. 사정이 대략 이러했기에 미지의 행성을 찾으려는 사람들이 앞다투어 탐색에 나선 것은 당연한 일이었다.

결국 이 미지의 행성은 1843년에는 영국의 **존 애덤스**라는 23세의 수학을 전공하던 학생이, 1845~1846년에는 프랑스의 천문학자 **위르뱅 르베리에**가 각각 궤도 계산을 한 결과, 그 위치를 알아내게 되었다. 데이터를 갖고 실제로 천왕성을 찾아낸 사람은 1846년 9월 23일, 베를린 대학 천문대의 **요한 갈레**(1812~1910)였다.

태양계의 가장 바깥에 위치한 기체 행성인 해왕성은 8개 행성 중에서 지름면에서는 네 번째로 크고, 질량으로는 세 번째로 크다. 해왕성의 질량은 지구의 17배로, 지구의 15배인 쌍둥이 행성 천왕성보다 약간 더 무겁다. 또한 해왕성은 겉보기 등급이 약 8.0으로, 맨눈으로는 결코 볼 수 없는 행성이다.

지름이 지구의 4배로, 약 5만km인 해왕성의 특징은 무엇보다 아름다운 쪽빛을 띠고 있는 모습이다. 대기 중의 **메탄**이 붉은빛을 흡수하고 푸른빛을 산란시키기 때문이다. 해왕성의 대기 역시 천왕성 대기와 비슷해, 80%가 수소, 19%가 헬륨, 나머지는 에탄, 메탄 등으로 이루어져 있다. 해왕성의 대기 흐름은 천왕성에 비해 활발한 편이다. 천왕성에서 볼 수 없는 대기의 회오리를 해왕성에서는 볼 수 있다. 이 회오리는 **대암점**(또는 **대흑점**)이라 불린다.

위성은 13개나 가진 것으로 알려져 있는데, 그중 가장 큰 **트리톤**이 지름 2,700km로 달보다 조금 작고, 나머지는 모두 작은 위성들이다. 트리톤 다음으로 큰 위성인 **프로메테우스**의 지름은 고작 420km밖에 되지 않는다.

가장 변두리에 위치해 외로운 해왕성을 처음으로 방문한 탐사선은

▶ 아름다운 쪽빛의 해왕성. 표면에 대암점이 보인다. 해왕성이 태양을 한 바퀴 도는 데는 사람의 두 평생과 맞먹는 165년이나 걸린다.

©NASA

NASA의 **보이저 2호**였다. 1989년 보이저 2호는 12년의 긴 여행 끝에 인류 역사상 최초로 해왕성 북극 상공 4,600km까지 접근해, 5개의 고리를 발견했다. 목성의 고리처럼 빈약한 이 고리들에는 해왕성 발견자를 기리는 뜻에서 르베리에, 애덤스, 갈레 등의 이름이 붙여졌다.

보이저 2호가 해왕성을 지나간 지 꼭 25주년 되는 날인 2014년 8월 25일, NASA의 명왕성 탐사선 **뉴호라이즌스**가 해왕성 궤도를 지났다. 뉴호라이즌스는 망원 카메라의 뛰어난 성능으로 여러 장의 해왕성 근접사진을 촬영해 지구로 보내주었다.

태양으로부터 45억km나 멀리 떨어진 아득한 변두리를 도는 해왕성. 이 행성을 관측하고 다시 그 자리로 돌아온 것을 본 사람은 아직 지구상엔 없다. 공전주기가 사람의 두 평생과 맞먹는 165년이기 때문이다. 지난 2011년이 바로 발견 1주기가 되는 해였다.

지금 해왕성은 태양 둘레를 280억km 여행한 후, 처음 발견된 그 위치를 약간 지난 지점에서 지구 사람들을 내려다보고 있다. 하지만, 1주기 전 그때, 해왕성이 멀리 지구상에서 보았던 낯익은 얼굴들은 하나도 보이지 않을 것이다.

내 생애 처음 공부하는 두근두근 천문학

명왕성은 왜 행성에서 탈락했을까?

불과 얼마 전까지만 해도 명왕성을 제9행성으로 취급했지만, 2006년 8월 국제천문연맹이 명왕성을 **왜소행성**으로 분류하는 바람에 행성 반열에서 탈락하고 말았다. 연맹이 정의한 행성 조건은 3가지로 다음과 같다.

첫째, 그 궤도가 태양 둘레를 도는 것이어야 하며, 행성 둘레를 도는 것은 안 된다.

둘째, 자체 중력으로 구형을 이룰 만큼 충분한 질량을 가진 것이어야 한다.

셋째, 자신의 궤도상 물질들을 깨끗이 청소할 만큼 지배적인 천체여야 한다.

명왕성이 행성에서 퇴출된 것은 너무 게을러서 청소를 잘 안한 모양인지 마지막 조건을 충족시키지 못했기 때문이다.

2015년 7월 NASA의 명왕성 탐사선 뉴호라이즌스가 10년 동안 날아간 끝에 역사적인 명왕성 근접비행에 성공했으며, 명왕성에 관한 수많은 이미지와 데이터를 지구로 보내왔다. 현재 뉴호라이즌스는 카이퍼 띠 속의 제2 목표를 향해 날아가고 있는 중이다.

▲ 명왕성을 지나는 뉴호라이즌스의 상상도. 2015년 7월
뉴호라이즌스가 역사적인 명왕성 근접비행에 성공했다.
뒤쪽에 보이는 검은 천체가 위성 카론이다.

내 생애 처음 공부하는 두근두근 천문학

3
우리가 몰랐던 달에 대한
10가지 진실

지구의 유일한 위성인 달은 지구에서 가장 가까운 천체로, 인간이 유일하게 방문한 천체다. 하지만 달이 품고 있는 놀라운 진실을 제대로 알고 있는 사람은 드물다. 매일 밤마다 하늘에서 보는 달. 그 놀라운 진실을 언제까지 외면할 것인가?

1. 달은 어떻게 태어났을까

달의 탄생에 관해서는 그동안 포획설, 분리설, 동시 탄생설 등 이설이 많았지만, 최근에는 **거대 충돌설**이 대세가 되었다. 45억 년 전 태양계 초기에 화성만 한 천체인 **테이아**가 지구와 대충돌을 일으켜, 그때 우주로 탈출한 물질들이 뭉쳐져 지금의 달이 되었다는 학설이다. 달의 성분 분석 등 여러 가지 정황들이 이에 부합되어 지금은 거의 정설로 굳어졌다.

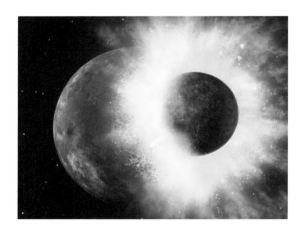

▲ 달의 거대 충돌설. 45억 년 전 화성만 한 천체가 지구와 충돌하여 달을 만들었다.

2. 달은 뒷면을 보여주지 않는다

달이 보여주는 가장 독특한 현상의 하나는 지구 쪽으로 언제나 한 면만을 보여준다는 사실이다. 지구에 사는 우리는 달의 뒷면을 결코 볼 수가 없다. 오래전에 지구의 인력은 달의 자전속도를 늦추어 마침내 공전주기와 똑같이 만들어버렸다. 그래서 지구와 달은 서로 마주 보고 윤무를 추는 꼴이 되었다. 이러한 현상은 다른 행성들에서도 쉽게 볼 수 있다.

인류가 달의 뒷면을 최초로 볼 수 있었던 것은 1959년 소련의 **루나 2호**가 달의 뒷면을 돌면서 찍은 사진을 전송했을 때였다. 그후 루나 2호는 달에 추락하여 고철 덩어리가 되었다. 달의 위상이 변화무쌍한 것은 해와 달, 지구의 상대적인 위치 변화에서 비롯되는 것이다. 단, 월출 시간에 달이 하늘에 나타나는 지점과 달의 모양은 항상 일정하다. 보름달은 동쪽, 그믐달은 서쪽, 반달은 남쪽에서 나타난다.

한 가지 더, 달이 반달일 때 어두운 부분이 희미하게나마 보이는데, 이는 지구의 빛을 받아서 그런 것이다. 그래서 **지구조**地球照라 한다. 이를 최초로 알아낸 사람은 **레오나르도 다빈치**다.

3. 유인우주선 아폴로의 '달 나무'

1971년 1월 31일 발사된 유인우주선 아폴로 14호에 실려 달에 갔다가 돌아온 나무씨앗을 심어 자란 것들을 **달 나무**moon trees라고 명명했다. 당시 아폴로 14호의 사령선 조종사로 탑승했던 스튜어트 루사는 과거 자신이 삼림 소방대원으로 근무했던 미 산림국을 기리기 위해 소합향, 삼나무, 소나무, 미송나무 등 500여 종의 나무씨앗을 작은 깡통 속에 싣고 달에 갔다가 돌아왔다. 미 산림국은 달에 갔다 돌아온 씨앗들을 비롯, 이와 똑같은 수종의 다른 씨앗들을 숲속에 심어 생장과정을 비교했고, 현재까지도 450여 그루의 달 나무들이 무럭무럭 자라고 있다.

4. 달은 펀칭 백이다

달을 펀칭 백 신세로 만든 것은 소행성 같은 우주 암석들이다. 달 표면에 무수히 있는 **크레이터**들이 바로 얻어터진 증거다. 달에는 화산작용도 없고, 공기와 물이 없어 침식작용이 일어나지 않기 때문에 그 크레이터들의 수명은 달과 함께할 것이다. 우주 암석들에게 집중적으로 얻어맞은 기간은 38억 년에서 41억 년 전이다.

5. 달이 만드는 밀물과 썰물

지구 바다의 밀물과 썰물은 거의 달의 영향으로 일어나는 것이다. 해의 영향은 달에 비해 아주 작다. 달과 태양이 일직선상에 있을 때(**삭**이나 **망**의 위치)는 **기조력**이 커져서 바닷물이 많이 빠져나가고 많이 밀려들어와 그 차이가 매우 크다.

달이 29.5일마다 지구를 한 바퀴 도는 궤도는 완전한 원이 아닌 타원이다. 따라서 달이 지구와 가장 가까운 근지점에 왔을 때 태양과 일직선상에 놓이면 인력이 가장 세어져서 **사리**가 된다. 사리에서 일주일 정도 지나면(상현이나 하현 위치) 달과 태양의 기조력이 서로 분산되어 간만의 차는 별로 나타나지 않게 되는데 이때를 **조금**이라 한다.

6. 달은 구형이 아니다

달은 완전한 구형은 아니다. 달걀처럼 약간 길쭉한 타원 모양이다. 여러분이 보는 달의 면은 약간 돌출한 뾰족한 부분이다. 달의 무게

중심은 정확히 가운데에 있지 않고 2km쯤 지구 쪽으로 향해 있는데, 달이 한쪽 면만을 지구에 보이며 공전하는 바람에 생긴 기형이라고 할 수 있다. 무거운 달의 성분이 지구 쪽으로 몰린 탓이다. 이것이 달의 앞면과 뒷면의 생김새가 판이한 까닭이기도 하다.

7. 달에도 지진이 있다

아폴로 우주인들이 달에 내렸을 때 가지고 간 물건 중 하나는 **지진계**였다. 달 표면에 지진계를 설치했을 때, 그들은 계기판에 진동이 기록되는 걸 지켜볼 수 있었다. 달의 지진, 곧 **월진**月震이었다. 달은 우리가 예상했던 것과는 달리 완전히 죽은 천체가 아니었던 것이다. 미약한 월진은 지표 아래 몇 킬로미터 지점에서 발생하고 있었는데, 그 원인은 지구의 인력 때문으로 생각된다. 지표가 그 영향으로 미세하게나마 갈라지고 가스가 분출되는 경우도 있었다.

8. 달이 지구의 유일한 위성일까?

달은 지구의 유일한 자연위성이다. 사실일까? 그렇지 않을지도 모른다는 설이 고개를 들고 있다. 1997년 영국의 아마추어 천문가 던컨 월드런이 발견한 소행성 **크뤼트네**(3753 Cruithne)가 지구의 두 번째 달이 될 가능성이 있다는 설이다.

지름 5km의 크뤼트네의 궤도는 달과 달리 지구를 중심으로 말굽 모양처럼 구부러져 타원을 그리는데, 금성 궤도와 화성 궤도에까지 걸쳐 있다. 이는 지구와 궤도공명을 하기 때문인데, 이런 이유로 지구의 두 번째 위성이라고도 하지만, 지구 주변을 공전하지 않고 주변 천체의 영향을 쉽게 받기 때문에 엄밀히 말하면 위성이라고 볼 수 없다. 그래서 크뤼트네는 **준위성**이라 불린다.

다행히도 크뤼트네의 궤도면이 행성의 공전궤도면과 많이 어긋나 있어 충돌 가능성이 극히 낮다. 어쨌든 제2의 달 크뤼트네가 우리에게 알려주는 것은 이 태양계가 영원하지 않다는 사실이다. 그 속에 사는 우리 역시 마찬가지다.

9. 달도 행성인가?

달은 명왕성보다 크다. 얼추 지구 지름의 4분의 1은 된다. 그래서 어떤 과학자들은 달이 행성에 가깝다고 생각하기도 한다. 달이 위성이 아니라 지구-달 시스템을 이루는 **쌍행성계**라는 것이다. **명왕성**과 그 위성 **카론**을 쌍행성계로 보는 일부의 시각과 같다. 명왕성과 카론은 서로의 질량중심을 공전하는데, 둘 사이에 다리를 놓아도 될 만큼 중력으로 너무 단단히 묶여 있는 나머지 서로 한쪽 얼굴만을 보며 윤무를 추듯이 돌고 있다.

10. 가지 마, 달아~

여러분이 이 글을 읽고 있는 순간에도 달은 지구로부터 멀어지고 있다는 사실을 아는가? 달은 지구의 자전 에너지를 조금씩 훔쳐가

해마다 자신의 공전 궤도를 3.8cm씩 넓혀가고 있는 중이다. 즉, 매년 3.8cm씩 지구로부터 멀어져가고 있다는 뜻이다.

과학자들은 달이 처음 만들어졌을 때는 지구까지의 거리가 고작 2만 2,530km밖에 안됐다고 한다. 하지만 지금은 평균 38만km, 최장 42만km까지 멀어졌다. 1년에 3.8cm이지만, 10억 년 동안 쌓이면 달까지 거리의 10분의 1인 3만 8천km가 된다. 그러면 무슨 일이 일어나는지 아무도 장담하지 못한다. 어쩌면 목성이 달을 끌어가버릴지도 모른다고 예측하는 천문학자들도 있다.

달이 지구로부터 점점 멀어져가는 이유는 바로 밀물-썰물에 그 원인이 있다. 바닷물이 움직일 때 물과 해저 바닥의 마찰이 지구의 자전 에너지를 조금씩 약화시키고, 그것이 달의 공전에 영향을 미쳐 달궤도를 점점 멀어지게 한다. 달이 지구를 떠나면 지구 생명체는 거의 멸종될 것으로 내다보고 있다. 지구축을 23.5도로 잡아주고 있던 존재가 사라지면 지구가 임의의 각도로 햇볕을 받게 됨으로써 남북극이 사라질 확률이 높아지며, 그러면 생물의 대량멸종이 뒤따를 것이기 때문이다.

▲ 달의 지평선 위로 떠오르는 아름다운 지구. '지출'이라 한다. 2015년 10월 12일 달정찰궤도선(LRO)이 찍었다. 이 달도 언젠가 지구와 이별할지도 모른다.

내 생애 처음 공부하는 두근두근 천문학

그 밖의 태양계 식구들

지구의 불청객, 운석

뉴스에 '소행성 충돌'이니, '지구 종말'이니 하는 단어들이 거론될 때마다 사람들은 신경을 곤두세우곤 한다.

지난 2013년 2월, 러시아의 우랄 산맥 부근 **첼랴빈스크** 상공에서 폭발한 운석은 1천 명이 넘는 사람들을 다치게 하고 많은 건물들을 파괴했다. 보도에 따르면, 목격자들은 하늘에서 큰 물체가 한 번 번쩍인 뒤 큰 폭발음을 냈고, 이어 불타는 작은 물체들이 연기를 내며

땅으로 떨어졌다고 한다.

지역 주민들은 갑작스러운 운석우에 놀라 긴급 대피했으며, 일부 학교는 임시 휴교했다. 수업 중 운석우를 목격했다는 교사 발렌티나 니콜라에바는 "그런 섬광은 생전 처음 봤다. 마치 종말 때에나 있을 법한 것이었다"고 말했다. 나중의 조사에서 이 운석은 지름이 20m 정도로, 히로시마 원자폭탄의 30배가 넘는 위력으로 밝혀졌다고 한다.

그럼 이 소행성의 정체는 무엇이며, 대체 어디에서 날아온 걸까?

소행성이란 태양 주위를 공전하는 행성보다 작은 천체를 말한다. 1801년에 화성과 목성 궤도 사이에서 **세레스**가 발견된 이후 수많은 소행성 발견이 줄을 이었고, 2013년 1월 현재 35만 개 이상이 등록되어 있다. 이처럼 화성과 목성 사이의 많은 소행성이 존재하는 곳을 **소행성대** 또는 소행성지대라고 부른다. 매년 수천 개 이상의 새로운 소행성들이 발견되고 있어서 앞으로 모두 몇 개가 될지는 아무도 모른다.

새로 발견된 소행성은 발견자가 원하면 이름을 붙일 수도 있다. 새 소행성을 발견해 **통일**이라는 이름을 붙인 한국인도 있다. 여러분도 한번 도전해보기 바란다.

이들 소행성은 트럭만 한 것에서부터 수백km나 되는 거대한 우주 암석까지 다양한 규모인데, 대체로 화성과 목성 사이의 궤도에 있는 소행성대에서 태양을 중심으로 공전한다. 어떤 것들은 긴 타원궤도를 가지고 있어서 수성보다 가까이 태양에 접근하기도 하고 천왕성

내 생애 처음 공부하는 두근두근 천문학

궤도까지 멀어지기도 한다. 소행성대에는 소행성이 존재하지 않는 영역이 있는데, 이 틈새를 커크우드 틈이라고 한다.

소행성들은 그 수가 아주 많지만 질량이 매우 작아서, 모든 소행성들을 다 합쳐도 지구 질량의 1천분의 1을 넘지 않는다. 그중에서 가장 덩치가 큰 소행성은 1801년에 처음 발견된 **세레스**로서, 지름이 약 1,020km다.

수많은 소행성들은 모두 46억 년 전 태양계가 형성될 때부터 존재해온 물질들이다. 이것들은 잘하면 행성이 될 수도 있었는데, 목성의 조석력이 하도 크다 보니 행성이 채 되기도 전에 부스러져버린 행성 부스러기라 할 수 있다. 이런 소행성들을 이루고 있는 물질은 얼음과 탄소, 약간의 금속 물질과 암석들이다. 이는 태양계 생성 초기에 원시 가스구름이 응축되는 과정에서 생긴 물질이다.

혜성이나 소행성이 남긴 파편들이 행성 간 공간에 떠돌아다니다가, 초속 30km의 속도로 태양 주위를 공전하는 지구로 끌려들어오면, 초속 10~70km의 속도로 지구 대기로 진입하게 된다. 이것이 대기와의 마찰로 가열되어 빛나는 **유성**, 곧 **별똥별**이 된다. 큰 것은 **화구** 火球라고도 한다.

대부분의 유성체는 작아서 지상 100km 상공에서 모두 타서 사라지지만, 큰 유성체는 그 잔해가 땅에 떨어지는데, 이것이 바로 **운석**이다. 하루에 지구로 떨어지는 소행성이나 혜성 부스러기는 대략 **100톤**에 이른다고 한다. 그러나 대부분은 대기 중에서 타버리거나, 바다나 사막, 산악지대에 떨어지기 때문에 운석이 발견되기는 어렵다.

운석은 무서운 존재이기는 하지만, 한편으로는 지구를 포함한 태양계의 나이를 알아내는 데 실마리를 제공하는 태양계 화석이다. 그래서 비싼 값으로 팔리기도 한다.

이처럼 다양한 얼굴을 가진 운석이지만, 문제는 공포스러운 충돌이 가져올 대재앙이다. 지름 10km짜리 소행성 하나가 초속 20km 속도로 지구와 충돌하기만 한다고 해도 강도 8 지진의 1천 배에 달하는 대재앙을 피할 수 없게 된다.

46억 년 지구의 역사 중에서 가장 유명한 운석 충돌은 멕시코 유카탄 반도의 **칙술루브**에 떨어진 소행성 충돌이다. 지름 10km의 소행성이 떨어져 지름 180km의 크레이터를 만들었다. 약 6,500만 년 전 백악기 말 공룡을 비롯한 지구 생명체의 약 70%가 멸종했는데, 그 원인이 바로 **칙술루브 소행성 충돌**이라고 한다.

무게 1조 톤, 낙하속도 초속 30km로 돌진한 소행성으로 인한 대충돌은 해일, 지진, 폭풍과 같은 천재지변을 일으켰고, 이때 대기 상층으로 솟아오른 먼지가 햇빛을 완전히 가려 식물을 말라죽게 하고 동물을 멸종하게 만든 원인으로 작용했다는 것이다. 지구상의 **공룡**은 이때 대멸종의 운명을 맞았다고 한다.

요즘에도 심심찮게 소행성들이 지구 부근으로 날아들어 지구 주민들을 겁주는 일들이 일어나곤 한다. 지름 몇 십km 하나만 지구를 들이박는다 해도 지구 문명은 삽시간에 지워지고 말 것이다. 그래서

재밌어서 밤새 읽는 천문학 이야기

위험 소행성들을 감시하는 기구들도 생겼다. 다행히도 수많은 소행성의 움직임을 꾸준히 관측해 파악하고 있는 NASA 측은 "적어도 앞으로 100년 이내에는 이들 소행성이 지구와 충돌할 가능성은 없다"라고 말한다.

비록 우주를 떠돌다 불쑥불쑥 찾아오는 불청객이기는 하지만, 46억 년 전 태양계 생성의 역사를 품고 있는 신비로운 존재가 바로 이소행성이다. 그것이 우리가 소행성에 관심을 가져야 할 이유이기도 하다.

▲ 소행성 충돌 상상도. 지름 몇 십km 하나만 지구를 들이박아도 지구 문명은 삽시간에 지워지고 만다.

2014년 12월 남극에 있는 장보고과학기지 남쪽 300km 청빙지역에서 우리 연구팀이 대형 운석을 발견하는 행운을 잡았다. 그동안 찾아낸 남극 운석 중 가장 큰 운석으로, 가로 21cm, 세로 21cm, 높이 18cm, 무게는 11kg이나 나간다.

남극 운석은 우주공간을 떠돌던 암석이 지구 중력에 이끌려 떨어진 것으로, 태양계 탄생 초기의 역사를 고스란히 담고 있는 화석이라 할 수 있다. 원래 남극은 지구상에서 운석이 가장 많이 발견되는 지역이다. 흰 눈 위에 시커먼 돌덩어리가 눈에 띈다면 운석일 가능성이 높다.

극지연구소는 2006년부터 지금까지 여덟 차례 남극운석 탐사를 벌여 42개의 운석을 확보하여, 우리나라는 모두 282개의 남극 운석을 보유하고 있다.

2014년 3월에는 진주에 운석이 여러 개 떨어져 너도 나도 운석 찾으러 나서는 통에 온 나라에 운석 바람이 불기도 했다. 왜 사람들이 운석을 찾기 위해 그렇게 법석을 떠는 것일까? 운석이 무게로 따져 금값의 10배가 되는 것도 있다니, 그럴 만도 하다. 물론 모든 운석이 다 그렇다는 건 아니다. 그리고 운석을 발견한 후에도 뒤처리를 잘못하면 운석의 가치는 뚝 떨어진다.

　그런데 사실 운석은 매일 평균 100톤, 1년에 4만 톤씩 지구에 떨어지고 있다. 먼지처럼 작은 입자의 우주 물질은 1초당 수만 개씩, 지름 1mm 크기는 평균 30초당 1개씩, 지름 1m 크기는 1년에 한 개 정도씩 지구로 떨어진다. 오염되지 않은 희귀 운석은 **우주에서 떨어지는 로또**가 되기도 한다. 화성에서 온 운석이나 지구 물질에 오염되지 않은 운석 등은 1g당 1천만 원을 호가하기 때문이다.

　그러므로 집 뒷마당에 운석이 떨어졌다면 다음에 소개하는 매뉴얼대로 소중히 다루어야 한다. 첫째, 먼저 주방으로 달려가 비닐장갑을 찾아 끼고 랩 뭉치를 챙긴다. 둘째, 운석을 수거해서는 랩으로 챙챙 감아 밀봉한다. 셋째가 가장 중요한데, 수거한 운석을 반드시 냉동고에 집어넣는다. 지구 물질에 감염되지 않게 하기 위한 조치다. 그리고 마지막으로 인터넷에 운석 발견 소식을 올린다.

▶남극에 있는 장보고과학기지 남쪽 300km 청빙지역에서 우리 연구팀이 발견한 대형 운석.

우주의 외로운 방랑자, 혜성

우주에는 그 규모나 내용면에서 우리의 상상을 뛰어넘는 엄청난 사건들이 일어나고 있지만, 사람의 눈으로 볼 수 있는 천체 현상 중 최고의 장관은 밤하늘의 **혜성**일 것이다.

어떤 혜성의 기다란 꼬리는 태양에서 지구까지 거리의 2배나 되며, 그 주기가 수십만 년을 헤아리는 것도 있다 하니, 상상하기조차 힘든 일이다. 혜성이 남기고 간 부스러기라 할 수 있는 별똥별을 보며 소원을 빌어온 우리에겐 입이 딱 벌어질 스케일이라 하겠다.

태양계의 방랑자, 혜성은 태양이나 큰 질량의 행성을 중심 삼아 타원이나 포물선 궤도를 도는 작은 천체를 말한다. 우리말로는 **살별**이라고 한다. 혜성彗星의 한자 '혜彗'는 '빗자루'라는 뜻이다. 옛사람들은 혜성을 **빗자루별**이라 불렀다.

빛나는 머리와 긴 꼬리를 가지고 밤하늘을 운행하는 혜성은 예로부터 많은 사람들이 관측해왔다. 연대가 확실한 가장 오랜 혜성 관측 기록으로는 기원전 1059년 중국에서 "주나라 때 빗자루별이 동쪽에서 나타났다"는 기록이 있다.

유럽에서는 기원전 467년 그리스 사람들이 혜성 기록을 남겼다. 그리스어로 혜성을 **코멧Komet**이라 하는데, 이는 **머리털**을 뜻한다.

하지만 신기하게도 동서양이 모두 혜성에 대해서는 공통된 관념 하나를 갖고 있었다. 그것은 혜성 출현이 불길한 징조라는 것이다.

말하자면 왕의 죽음이나 나라의 멸망, 큰 화재, 전쟁, 돌림병 등 재앙을 불러오는 별이라고 믿었다.

우리나라도 예외는 아니었다. 조선에서는 특히 혜성을 반란이나 쿠데타의 징조로 보았다. 혜성이 흰빛을 띠면 장군이 역모를 일으키고, 꼬리가 길고 클수록 재앙이 크다고 생각했다. 이처럼 동서양의 고대인에게 혜성은 두려움의 대상이었다.

그런데 옛사람들은 혜성이 천체와는 관계없는 일종의 '현상'이라고 보았다. 그러니까 혜성의 출현도 지구 대기상에 나타나는 현상이라고 생각한 것이다.

혜성이 지구 대기층에서 나타나는 현상이 아닌 천체의 일종임을 최초로 밝혀낸 사람은 16세기 덴마크 천문학자 **튀코 브라헤** (1546~1601)였다. 그리고 혜성이 태양계의 식구임을 밝혀낸 사람은 17세기 영국 천문학자 **에드먼드 핼리**(1656~1742)였다.

1682년 어느 날 핼리는 혜성을 본 후, 너무나 신기한 나머지 큰 감동을 받았다. 그래서 옛날 혜성 기록을 뒤져 연구해본 결과, 혜성은 불길한 일을 예시하는 별이 아니라, 76년을 주기로 지구 주위를 타원궤도로 도는 천체임을 알아냈다. 그리고 그 주기에 따라 1758년 다시 올 것이라고 예언했다. 핼리의 추측이 맞다면, 1682년 밤 인류에게 엄청난 흥분을 불러일으킨 혜성은 다음에는 1758년 말이나 1759년 초에 돌아올 것이었다.

핼리는 자신의 예언이 맞았는지 확인하지 못한 채 86세에 세상을 떠났다. 하지만 이 예언은 정말로 맞아들었다! 1758년 천문학계는 혜성에 대한 기대와 흥분으로 가득차 있었는데, 이윽고 혜성은 크리스마스 전날 밤 아름다운 모습을 나타내며 접근해왔다. 하늘에 나타난 '혜성의 귀환'을 맨 먼저 본 사람은 천문학자가 아니라, 아마추어 천문가인 독일의 한 농부였다. 그는 성탄 전야에 망원경을 들여다보다가 물고기자리 근처에서 빛나는 한 점을 발견했던 것이다.

이로써 이 혜성이 태양을 끼고 도는 하나의 천체임이 증명되었고, 핼리의 업적을 기리는 뜻에서 **핼리 혜성**이라고 이름 붙였다. 가장 최근에 핼리 혜성이 나타난 해는 **1986년**이었고, 다음 방문은 **2061년**으로 예약되어 있다. 40년 이상이나 남았으니 못 볼 사람도 많겠다.

혜성은 크게 **머리**와 **꼬리**로 구분된다. 머리는 다시 안쪽의 **핵**과, 핵을 둘러싸고 있는 **코마**로 나누어진다. 핵이 탄소와 암모니아, 메탄 등이 뭉쳐진 얼음덩어리라는 사실을 최초로 밝힌 사람은 1950년 하

▶ 1986년에 지구를 방문한 핼리 혜성. 다음엔 2061년에 온다.

©NASA

내 생애 처음 공부하는 두근두근 천문학

버드 대학의 천문학자 **프레드 위플**(1906~2004)이었다. 그는 혜성을 '더러운 눈뭉치'라 표현했다. 혜성의 정체가 제대로 알려진 것은 반 세기 남짓밖에 되지 않은 셈이다.

혜성의 물질에는 휘발성 기체들이 많이 들어 있다. 그래서 혜성이 태양계 내로 진입할수록 태양 에너지를 받아 표면의 기체들이 증발 하고 부서지면서 꼬리가 생긴다.

혜성의 핵을 둘러싼 코마는 태양열로 인해 핵에서 뿜어나오는 가 스와 먼지로 이루어진 것으로, 혜성이 대개 목성 궤도에 다가서는 7AU 정도 거리가 되면 코마가 만들어지기 시작한다. 우리가 혜성을 볼 수 있는 것은 이 부분이 햇빛을 반사하기 때문이다. 핵의 크기가 보통 15km정도인 데 반해, 코마의 범위는 보통 지름 2만~20만km 정도로 목성 크기만 하기도 하고, 때로는 지구-달까지 거리의 3배나 되는 100만km를 넘는 것도 있다.

혜성의 꼬리는 코마의 물질들이 태양풍의 압력에 의해 뒤로 밀려 나서 생기는 것이다. 이 황백색을 띤 꼬리는 태양과 반대 방향으로 넓고 휘어진 모습으로 생기는데, 태양에 다가갈수록 길이가 길어진 다. 꼬리가 긴 경우에는 태양에서 지구까지 거리의 2배만큼 긴 것도 있다니, 참으로 장관이 아닐 수 없겠다.

태양에 가까이 다가가면 두 개의 꼬리가 생기기도 하는데, 앞에서 말한 먼지 꼬리 외에 **가스 꼬리** 또는 **이온 꼬리**라고 불리는 것이 생긴 것이다. 태양 반대쪽으로 길고 좁게 뻗는 가스 꼬리는 이온들이 희박

하여 눈으로는 잘 보이지 않지만, 사진을 찍어보면 푸른색을 띤 꼬리가 길게 뻗어 있는 것을 볼 수 있다.

핼리 혜성처럼 태양계 내에 붙잡혀 기다란 타원궤도를 가지고 주기적으로 태양을 도는 혜성을 **주기 혜성**이라 한다. 이에 반해, 태양에 딱 한 번만 접근하고는 태양계를 벗어나서 다시는 돌아오지 않는 혜성이 있는데, 이를 **비주기 혜성**이라 한다. 또 주기 혜성은 200년 이하의 주기를 가지는 **단주기 혜성**과 200년 이상에서 수십만 년에 이르는 주기를 가진 **장주기 혜성**으로 나누어진다. 이렇게 다른 이유는 두 가지 혜성이 서로 고향이 다르기 때문이다.

혜성의 고향을 알기 위해서는 먼저 그 기원을 알아야 한다. 혜성은 태양계 초기에 행성과 위성들이 만들어지고 남은 찌꺼기이기 때문에 태양계만큼이나 오래된 천체다. 이 찌꺼기들이 해왕성 너머 30~50AU 공간에 납작한 원반 모양으로 퍼져 있는데, 이것이 **카이퍼 띠**다.

암석과 얼음덩어리로 이루어진 3만 5천 개의 소행성들이 띠를 이루어 태양 둘레를 돌고 있는 카이퍼 띠는 단주기 혜성의 고향이다. 여기에 떠돌고 있던 것들이 다른 천체들의 영향으로 자리를 벗어나 태양계 안으로 밀려들어온 것이 바로 혜성인 것이다.

장주기 혜성의 고향은 그보다 훨씬 멀리, 5만~15만AU 가량 떨어진 **오르트 구름**이다. 지름 약 2광년으로, 거대한 둥근 공처럼 태양계를 둘러싸고 있는 오르트 구름은 수천억 개를 헤아리는 혜성의 핵들로 이루어져 있다.

탄소가 섞인 얼음덩어리인 이 핵들이 가까운 항성이나 은하들의 중력으로 이탈하여 태양계 안쪽으로 튕겨들어 장주기 혜성이 된다. 이 혜성은 온도가 매우 낮은 태양계 바깥쪽에 있었기 때문에 태양계가 탄생할 때의 물질과 상태를 수십억 년 동안 그대로 지니고 있는 만큼 태양계 탄생의 비밀을 간직한 '태양계 화석'이라 할 수 있다.

단주기 혜성의 경우, 태양에서 목성과 해왕성 사이를 타원궤도를 그리며 움직인다. 태양계 내의 천체가 태양에서 가장 멀리 떨어져 있을 때의 거리를 **원일점**, 가장 가까이 있을 때의 거리를 **근일점**이라 한다.

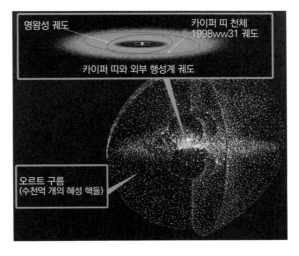

▶ 오르트 구름 개념도. 장주기 혜성의 고향으로 5만~15만AU 가량 떨어진 태양계 외부 공간을 감싸고 있다.

우주 속에 영원한 존재가 어디 있을까마는, 혜성의 경우는 더욱 극적이다. 태양의 인력에 이끌려 태양계 안으로 들어온 혜성들은 각기 다른 운명을 맞이하게 되는데, 태양과 행성들의 인력에 따라 궤도가 달라져, 어떤 것은 태양계 밖으로 밀려나 다시는 돌아오지 못하고 우주의 미아가 되거나, 또 어떤 것은 행성의 강한 인력으로 쪼개지기도 한다.

개중에는 태양이나 행성에 충돌하여 최후를 맞는 경우도 있다. **슈메이커-레비9 혜성**이 여러 조각으로 깨어진 후 목성에 충돌한 것이 그 좋은 예다. 1994년 7월 16일, 21개로 쪼개진 조각들이 목성의 남반구에 충돌했는데, A조각을 필두로 목성과 충돌하기 시작해 그 충돌은 7월 22일까지 계속되었다.

20세기에 나타난 혜성들 중에서 가장 밝았던 혜성은 **헤일-밥**이다. 엘런 헤일과 토마스 밥이 1995년 7월 23일에 발견한 이 혜성은 18개월 동안 맨눈으로도 관측할 수 있었을 정도였다. 헤일-밥 혜성처럼 혜성은 발견한 사람의 이름을 붙이는 게 관례다.

천문 베스트셀러 〈메시에 목록〉

혜성 이야기에서 빠뜨릴 수 없는 사람이 하나 있다. 바로 전설의 혜성 사냥꾼 **샤를 메시에**(1730~1817)다.

18세기 말 프랑스에서 활약한 메시에는 13개의 혜성을 발견한 천문학자이지만, 그가 유명한 것은 혜성 발견 때문이 아니라, <메시에 목록>이라는 성운-성단 일람표 때문이다. 당시는 혜성 사냥이 인기 품목이었기 때문에 너도 나도 혜성 찾기에 매달릴 때였다.

그런 혜성 사냥꾼들을 위해 메시에는 자신의 경험을 바탕으로 혜성과 혼동되기 쉬운 천체들을 정리해서 발표했다. 그런데 이게 뜻하지 않게 베스트셀러가 되는 바람에, 메시에는 역사상 가장 유명한 천문학자가 되었다. 천체 망원경 보는 사람 치고 메시에를 모르는 사람은 없다.

▶ <메시에 목록>을 남겨 수많은 사람들을 우주로 안내한
프랑스의 천문학자 샤를 메시에.

이 목록의 천체들은 메시에 자신의 이름에서 따온 M 문자 뒤에 1,2,3,4… 번호를 붙여서, M1, M2, M3… 등으로 불렀다. 별이 아닌 어두운 천체들에 처음으로 이름을 붙인 사람이 바로 메시에였다. 목

록에는 성운과 성단, 그리고 초신성 잔해, 은하 등이 포함되었는데, 뒤에 몇 개가 더 보태져, 지금은 **M110**까지를 공식적인 메시에 천체라 부르며, 모든 천문인들이 애용하고 있다.

뿐만 아니라 매년 춘분날 즈음해서 아마추어 천문가들이 자신의 망원경을 이용해 하룻밤 동안 메시에 목록의 모든 천체 찾기를 하는 **메시에 마라톤**도 열리고 있다. 제일 많이 찾는 사람이 이기는 경주다. 관심 있다면 누구나 동호회의 메시에 마라톤에 참여할 수 있다.

이처럼 <메시에 목록>을 남겨 수많은 사람들을 우주로 안내한 공을 기리는 뜻에서, 달의 크레이터와 소행성 하나에 각각 메시에란 이름이 붙여졌다.

별똥별에 소원을 빌면 이루어질까?

혜성은 궤도를 돌면서 티끌이나 돌조각들을 주변에 흩뿌리는데, 이러한 입자들이 혜성 궤도 주위에 모여 있는 것을 **유성류**流星流라 한다. 공전하는 지구가 이 유성류 속을 지날 때 지구 대기와의 마찰로 불타며 떨어지는데, 이것을 **유성** 또는 **별똥별**이라 하고, 많은 유성이 무더기로 떨어지는 것을 **유성우**流星雨라 한다.

유성우는 지구 대기권으로 평행하게 떨어지지만, 우리가 보기에는 하늘의 한 곳에서 떨어지는 것처럼 보인다. 이 중심점을 **복사점**이라 하고, 복사점이 자리한 별자리의 이름을 따라 사자자리 유성우, 오리온자리 유성우, 물병자리-에타 유성우, 쌍둥이자리 유성우 등 유성우의 이름이 정해진다.

밤하늘에서 별똥별이 떨어지는 것을 본 순간 소원을 빌면 이루어진다는 말을 흔히 듣는다. 정말 그럴까? 뜻밖에 그 말을 믿는 별지기들이 많다. 별똥별이 떨어지는 순간에 빌 수 있는 간절한 소망이라면, 우주의 에너지가 도와줄 것이라고 믿기 때문이다.

혜성은 아직 신비에 싸여 있는 부분이 많다. 하지만 분명한 것은 혜성은 지구 생명의 창조자이자 파괴자이며, 인류의 미래와 운명에 직결되어 있는 존재라는 것이다. 이런 까닭으로 혜성에 대한 연구나 탐사가 꾸준히 이루어지고 있다. 최초의 혜성 탐사선이 발사된 것은 1999년 2월이었다. **스타더스트**(별먼지)라는 이름의 이 탐사선은 5년 간의 우주여행을 한 끝에, 화성과 목성 사이에 위치한 **와일드 2** 혜성에 접근한 후, 혜성의 꼬리에서 얼음과 먼지를 채취해 지구로 돌아왔다.

또 다른 혜성 탐사선 **로제타호**는 2004년 3월에 발사되었는데, **67P/C-G 혜성**에 착륙을 시도하기 위한 탐사선이었다. 2014년 11월 12일, 로제타는 65억km를 비행한 끝에 혜성인 67P에 탐사 로봇 **필레**를 무사히 착륙시켰다. 그러나 아쉽게도 이것은 절반의 성공이었다.

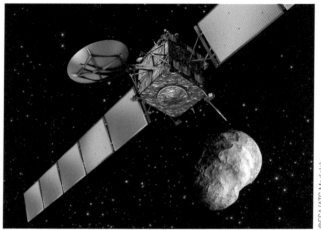

▲ 혜성 표면에 탐사 로봇 필레를 착륙시키는 로제타호. 2004년 3월에 발사된 로제타는 2014년 11월 12일, 65억 km를 비행한 끝에 혜성 67P/C-G에 탐사 로봇 필레를 무사히 착륙시켰다.

탐사 로봇이 혜성의 약한 중력으로 몇 차례 튀어오르다가 그만 골짜기 응달에 처박히는 바람에 곧 방전되어 작동 불능에 빠져버렸기 때문이다.

마지막으로 장주기 혜성 하나만 더 소개하기로 하자. 1975년에 발견된 **웨스트 혜성**은 원일점이 무려 1만 3,560AU로, 현재까지 가장 긴 주기를 가진 혜성의 하나로 기록되고 있다. 그 주기는 무려 **55만 8,300년**이다.

그렇기 때문에 지난 1975년에 태양을 지나친 뒤 네 조각으로 쪼개지면서 장관을 연출했던 웨스트 혜성이 다시 돌아오는 해는 서기

내 생애 처음 공부하는 두근두근 천문학

56만 9282년이 된다. 우리 인류가 지구상에서 문명을 일구어온 것이 고작 5천 년인데, 과연 인류가 그때까지 살아남아, 55만 년 후 웨스트 혜성이 태양을 향해 시속 34만km로 돌진해가는 장관을 다시 볼 수 있을까?

5 장

우주도 끝이 있을까?

영원의 관점에서 사물을 생각하는 한
마음은 영원하다.

– 스피노자

우주는 끝이 있다? 없다?

미지의 대상인 우주의 장막을 걷어내다

우주에 관해 가장 궁금한 것 중의 하나는 과연 우주는 끝이 있을까 하는 문제일 것이다. 우주는 지금 이 순간에도 쉬지 않고 빛의 속도로 팽창하고 있다. 우주의 팽창속도를 말해주는 **허블의 법칙**을 적용해보면, 우주는 100만 광년당 초속 22km의 속도로 팽창하고 있는 중이다. 그러니까 100억 광년 밖의 우주는 광속의 3분의 2가 넘는 초속 22만km로 달아나고 있다. 이처럼 우주 속의 모든 은하들은 서

내 생애 처음 공부하는 두근두근 천문학

로에게서 하염없이 멀어지고 있는 중이다.

그렇다면 이 우주는 언제까지 이렇게 팽창을 계속할 것인가? 불과 10년 전까지만 해도 우주 안에 담긴 물질의 중력으로 인해 팽창속도가 점차 느려질 것으로 과학자들은 생각했다. 그런데 그게 아니었다. 우주의 팽창속도는 점점 더 빨라지고 있다는 놀라운 사실이 발견되었다. 말하자면 우주는 계속 가속 페달을 밟고 있다는 것이다.

다시 말하지만, 우주는 지금 **가속팽창**을 하고 있는 중이다. 이는 지구로부터 아주 멀리 떨어진 초신성들을 우주 잣대로 하여 관측된 사실인데, 두 개의 다른 팀이 이 사실을 발견해 2011년 함께 노벨 물리학상을 받았다.

그들은 솔 펄머터 교수와 브라이언 슈밋, 애덤 리스 교수 팀으로 지난 1998년 지구에서 멀리 떨어진 50개 이상의 초신성을 관찰한 결과 이들이 폭발하면서 내뿜은 빛이 예상보다 약하다는 사실을 밝혀냈다.

스웨덴 노벨위원회는 이러한 현상이 우주의 팽창속도가 빨라지고 있음을 보여주는 것으로, 천체물리학을 뿌리부터 뒤흔든 놀라운 발견이라고 평가하였다. 초신성 관찰을 통해 우주의 팽창속도가 점점 더 빨라지는 사실을 규명해 "미지의 대상인 우주의 장막을 걷어내는 데 일조했다"고 선정 이유를 밝혔다.

그렇다면 왜 우주는 점점 더 빨리 팽창하고 있는가? 무언가 우주 팽창의 가속 페달을 밟고 있다는 건가? 현재 과학자들은 **암흑 에너지**

를 유력한 용의 선상에 올려놓고 있다. 그러나 암흑 에너지의 정체가 무엇인지는 아무도 모른다. 존재 자체는 의심할 바 없는데, 그 얼굴과 신상은 전혀 파악되지 않고 있다는 뜻이다.

이들의 발견대로 우주팽창이 이대로 계속 가속되면 우주의 최후는 어떻게 될까? 과학자들은 결국 우주가 거대한 하나의 얼음 무덤으로 끝나게 될 것이라고 생각하고 있다.

우주 지평선 너머는 무엇이 있을까?

그럼 팽창하고 있는 이 우주의 끝은 어디일까? 과연 우주의 끝이라고 할 만한 게 있기는 한 것일까?

우리가 볼 수 있고 관측할 수 있는 우주에 국한해 생각한다면 우주의 끝은 분명 있다. 우주가 **등방성**을 가지고 있기 때문에, 관측 가능한 우주의 가장자리까지의 거리는 거의 모든 방향으로 동일하다. 따라서 관측 가능한 우주는 전체 우주의 형태와 무관하게 관측자를 중심으로 원형을 이룬다.

우주배경복사가 나타내는 관측 가능한 우주의 범위는 현재 약 **470억 광년**으로 추정된다. 그러니까 우리가 볼 수 있는 우주의 가장 먼 가장자리까지의 거리가 470억 광년이란 뜻이다. 그것을 **우주의 지평선**이라고 한다.

우리는 우주 지평선 너머에 있는 사건들은 볼 수가 없다. 밤하늘이 어두운 이유도 바로 거기에 있다. 아직 그 너머의 빛이 지구에까지 도착하지 못했기 때문이다. 우주가 계속 팽창하고 있기 때문에 그 너머의 빛은 영원히 우리에게 도달하지 못할 것이다. 그러니까 인류가 만일 멸망하지 않고 지구에서 영원히 살아남는다고 해도 지구 밤하늘이 밝아지는 일은 결코 없을 거란 얘기다.

우주 지평선 너머에는 과연 무엇이 있을까? 우주의 등방성과 균일성을 신줏단지처럼 믿고 있는 천문학자들은 그곳의 풍경도 이쪽의 풍경과 별반 다르지 않을 거라고 생각하고 있다. 신은 공평하니까 거기라고 해서 여기와 크게 다르게 무엇을 창조해놓았을 리는 없다고 생각하는 것이다. 하지만 아무도 확신할 수는 없다. 우리는 영원히 그 너머의 풍경을 엿볼 수 없을 것이기 때문이다.

이런 사연으로 인해 우주의 끝 문제는 그리 간단하지가 않다. 우주의 구조가 우리가 일상적으로 겪고 보는 것들과는 전혀 다른 형태인 것도 그것의 또 한 가지 이유다.

한마디로 우주는 안과 밖이 따로 없는 구조로 되어 있다. '뭐? 그런 게 어디 있어? 안이 있으면 바깥도 있는 거지'. 사람들은 상식적으로 그렇게들 생각하지만, 그렇지 않은 사물들도 있다.

뫼비우스의 띠만 해도 그렇다. 한 줄의 긴 띠를 한 바퀴 틀어 서로 연결해보라. 그 띠에는 안과 밖이 따로 없다. 국소적으로는 안팎이 있지만, 전체적으로는 서로 연결된 구조다. 만약 개미가 그 띠 위를 계속 기어가면 자연스럽게 다른 면으로 이동하게 된다.

클라인 병은 더 극적인 현상을 보여준다. 1882년 독일 수학자 **펠릭스 클라인**이 발견한 이 병은 안과 바깥의 구별이 없는 공간을 가진 구조다. 클라인 병을 따라가다 보면 뒷면으로 갈 수 있다. 그러니 안과 밖이 반드시 따로 있다는 것은 우리의 고정관념일 뿐이다. 3차원의 우주는 이런 식으로 휘어져 있다는 얘기다.

따라서 우주에는 중심과 가장자리란 게 따로 없다. 이것은 우주의 모든 지점은 중심이기도 하고 가장자리이기도 하다는 뜻이다. 우주공간이 평탄하게 보이는 것은 3차원의 존재인 우리가 거대한 스케일로 휘어져 있는 4차원의 시공간을 느끼지도 깨닫지도 못하기 때문일 뿐이다.

이처럼 우주는 중심도 가장자리도 없는 4차원 시공간이다. 우주는 그 자체로 안이자 밖이며, 중심이자 끝이다. 이것이 우주와 우리가 접하는 다른 어떤 사물의 차이점이다. 지금 우리가 있는 공간이 우주의 중심이라 해도 틀린 말은 아닌 셈이다. '신 앞에 모든 것은 공평하다'는 말은 바로 이를 두고 한 말인지도 모른다.

그렇다면 우주는 무한한가? 그렇지는 않다. 138억 년 전에 우주가 태어났으니까, 우주의 지름은 그 2배인 276억 광년이 되겠지만, 초기엔 인플레이션으로 빛보다 빠른 속도로 팽창했기 때문에 현재의 우주 크기는 약 940억 광년이라는 계산서가 나와 있다. 아인슈타인의 특수 상대성이론에 따르면 우주에서 빛보다 빠른 것은 없다고 하지만, 우주는 공간 자체가 팽창하는 것이기 때문에 그에 구애받지 않는다.

어쨌든 현대 우주론은 우주의 끝에 대해 이렇게 결론을 내리고 있다.

-우주는 유한하지만 그 끝은 없다.

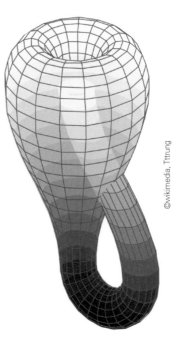

©wikimedia, Ttrung

©wikimedia, David Benbennick

▲ 안과 밖이 따로 없는 뫼비우스의 띠. 국소적으로는 안팎이 있지만, 전체적으로는 서로 연결된 구조다. 만약 개미가 그 띠 위를 계속 기어가면 자연 다른 면으로 이동하게 된다.

▲ 안과 밖의 구별이 없는 3차원을 보여주는 클라인 병. 공간의 한계상 몸체를 뚫고 들어가는 것처럼 그려졌지만, 실제 클라인 병은 자기 자신을 뚫고 들어가지 않는다.

우주는 어떤 종말을 맞을까?

우주 종말의 시나리오

우주는 '무'에서 시작해서 빅뱅을 거친 후 급팽창을 거듭했으며, 이윽고 별과 은하의 씨앗을 탄생시키고 오늘날의 대규모 구조에 이르기까지 진화를 계속해왔다.

그렇다면 이 우주는 앞으로도 계속 팽창할 것인가? 아니면 언젠가 이 팽창을 멈추고 수축할 것인가?

그것은 전적으로 이 우주에 물질이 얼마나 담겨 있는가에 달려 있

내 생애 처음 공부하는 두근두근 천문학

다. 우주의 미래를 판단하는 데는 이 우주의 물질밀도가 결정적인 역할을 한다.

아인슈타인의 일반 상대성이론에 따르면, 중력은 물질뿐 아니라, 우주공간 자체에도 영향을 미친다. 즉, 물질이 갖는 중력은 우주팽창에 브레이크 역할을 하는 것이다. 그리고 이 브레이크의 세기는 물질의 양에 따라 결정된다. 브레이크의 세기와 우주팽창의 힘이 균형을 이루면 우주는 팽창을 멈출 것이다. 이때 그 브레이크의 세기를 만드는 물질량을 우주의 **임계밀도**라 한다.

현재의 우주밀도와 임계밀도의 관계에 따라 우주의 운명이 가름되는데, 그 가능성은 세 가지다. 참고로, 우주의 임계밀도는 $1m^3$당 수소원자 10개 정도다. 이게 어느 정도의 밀도인가 하면, 큰 성당 안에 모래 세 알을 던져넣으면 수많은 은하와 별들을 포함하고 있는 지금의 우주밀도보다 더 높아진다. 이것은 인간이 만들 수 있는 어떤 진공상태보다도 완벽한 진공이다. 우주는 이처럼 태허太虛 자체인 것이다.

우주의 미래는 우주밀도가 임계밀도보다 작다면, 우주는 영원히 팽창하고(**열린 우주**), 그보다 크다면 언젠가는 팽창을 멈추고 수축하기 시작할 것이다(**닫힌 우주**). 또 다른 가능성은 팽창과 수축을 반복하며 끝없이 순환하는 것이다(**진동 우주**). 우주밀도와 임계밀도가 같아 곡률이 없는 편평한 우주라면, 언젠가 우주팽창이 끝나지만 그 시점은 무한대가 된다.

그러나 어느 쪽의 우주가 되든, 우주가 열평형과 무질서도(엔트로피)의 극한을 향해 서서히 무너져가는 것*은 우울하지만 피할 수 없는 운명으로 보인다. 이른바 **열사망**熱死亡**이라는 상태다.

많은 이론 물리학자들은 우주가 언젠가 종말에 이를 것이며, 그 과정은 이미 시작되었다고 믿고 있다. 우주가 어떻게 끝날 것인지는 확실히 알 수 없지만, 과학자들은 대략 다음과 같은 3개의 시나리오를 뽑아놓고 있다. 이른바 **대함몰**big crunch, **대파열**big rip, **대동결**big freeze 시나리오다.

이 3종 세트 시나리오에 따르면, 우주는 결국 스스로 붕괴를 일으켜 완전히 소멸하거나, 우주 팽창속도가 가속됨에 따라 결국엔 은하를 비롯한 천체들과 원자, 아원자 입자 등 모든 물질이 찢겨져 종말을 맞을 것이라 한다.

대파열 시나리오에 따르면, 강력해진 암흑 에너지가 우주의 구조를 뒤틀어 처음에는 은하들을 갈가리 찢고, 블랙홀과 행성, 별들을 차례로 찢을 것이다. 이러한 대파열은 우주를 팽창시키는 힘이 은하를 결속시키는 중력보다 더 세질 때 일어나는 파국이다.

우주의 팽창이 나중에 빛의 속도로 빨라지면 물질을 유지시키는

----

* 자연적인 현상은 되돌릴 수 없는 변화이며 이는 무질서도가 증가하는 방향으로 일어난다는 것이다. 이를 수치적으로 보여주는 것이 엔트로피로 무질서의 척도다. 열역학 제 2법칙.
** 엔트로피가 최대가 되어 모든 물질의 온도가 일정하게 된 우주. 이러한 상황에서 어떠한 에너지도 일을 할 수 없고 우주는 정지한다.

내 생애 처음 공부하는 두근두근 천문학

결속력을 와해시켜 대파열로 나아가게 된다. 그 결과 우주는 어떻게 될까? 무엇에도 결합되지 않은 입자들만 캄캄한 우주공간을 떠도는 적막한 무덤이 될 것이다.

몇 년 전 우주의 팽창속도가 최초로 측정된 110억 년 전에 비해 훨씬 빨라져 롤러코스터를 보는 것 같다는 사실이 발표되기도 했다. 초창기 우주는 중력의 작용으로 팽창속도가 느렸지만, 50억 년 전부터 그 속도가 빨라지기 시작했는데, 과학자들은 그것을 암흑 에너지 때문으로 보고 있다. 이 암흑 에너지의 성질을 모르기 때문에 우주가 계속 팽창할지 어떨지를 판단할 방법이 없다. 우주의 운명을 결정지을 장본인은 이 암흑 에너지라 할 수 있다.

또 다른 종말 시나리오는 **대함몰**이다. 이것은 우주가 팽창을 계속하다가 점점 힘에 부쳐 속도가 떨어질 것이라는 가정에 근거한 것이다. 그러면 어떻게 될까? 어느 순간 팽창하는 힘보다 중력의 힘 쪽으로 무게의 추가 기울어져 우주는 수축으로 되돌아서게 된다. 그 수축속도는 시간이 지남에 따라 점점 더 빨라져 은하와 별, 블랙홀들이 충돌하고 마침내 빅뱅이 시작되기 직전의 한 점이었던 태초의 우주로 대함몰하게 된다는 것이다.

이 폭력적인 과정은 물리학에서 **상전이**相轉移라 일컫는 것으로, 예컨대 물이 가열되다가 어떤 온도에 이르면 기체인 수증기가 되는 현상 같은 것이다.

대우주의 장엄한 종말

마지막 시나리오는 열사망으로도 불리는 **대동결**이다. 이것이 현대 물리학적 지식으로 볼 때 가장 가능성 높은 우주 임종의 모습이다.

대동결설에 따르면, 우주팽창에 따라 모든 은하들 사이의 거리가 멀어져, 1천억 년 정도 후에는 관측 가능한 범위 내에서 어떤 은하도 보이지 않게 된다. 만약 그때까지 지적 생명체가 우리은하에 살고 있어 망원경으로 온 우주를 뒤져본다고 하더라도 별 하나, 은하 하나 보이지 않을 것이다.

현재 우리 우주에 수소가 전체 원소 가운데 90%를 차지하지만, 결국 별들이 이 수소를 모두 소진하면서 소멸의 길을 걷게 될 것이다. 별들은 차츰 빛을 잃어 희미하게 깜빡이다가 하나둘씩 스러지고, 우주는 정전된 아파트촌처럼 적막한 암흑 속으로 빠져든다.

몇 백조 년이 흐르면 모든 별들은 에너지를 탕진하고 더 이상 빛을 내지 못할 것이며, 은하들은 점점 흐려지고 차가워질 것이다. 은하 속을 운행하는 죽은 별들은 은하 중심으로 소용돌이쳐 들어가 최후를 맞을 것이며, 10^{19}년 뒤에 은하들은 뭉쳐져 커다란 블랙홀이 될 것이다. 하지만 몇몇 죽은 별들은 다른 별들과의 우연한 만남을 통해 은하계 밖으로 내던져짐으로써 이러한 운명에서 벗어나 막막한 우주공간 속을 외로이 떠돌 것이다.

10^{108}년 후에는 블랙홀과 은하 등 우주의 모든 물질이 사라지게 된

다. 심지어 원자까지도 붕괴를 피할 길이 없다. 그러면 우주는 소립자들만이 어지러이 날아다니는 공간이 된다. 그동안 공간이 엄청나게 팽창했기 때문에 소립자의 밀도도 낮아질 대로 낮아진 쓸쓸한 공간만이 암흑 속에 잠겨 있는 그런 세계가 될 것이다.

종국에는 모든 물질의 소동은 사라지고, 어떤 에너지도 존재하지 않는 우주는 하나의 완벽한 무덤이 된다. 이것이 바로 영광과 활동으로 가득 찼던 대우주의 우울하면서도 장엄한 종말인 것이다.

광막한 이 우주에서 우리는 잠시 살아가고 있을 뿐

마지막으로 우리 태양계의 종말을 살펴보도록 하자. 사람의 일생과 같이, 태양계의 구성원들도 결국은 모두 죽는다. 약 64억 년 후 태양의 표면온도는 내려가며 부피는 크게 확장된다. **적색거성**으로의 길을 걷게 되는 것이다.

태양이 얼마나 거대해질지는 정확하게 알 수 없지만, 태양 반지름이 지금보다 약 300배까지 팽창하리라고 예측하고 있다. 그렇게 되면 태양에서 가까운 수성, 금성, 지구는 모두 태양에 삼켜지고 만다. 그리고 희박해진 태양의 내부를 잠시 공전하다가 이윽고 가스의 저항을 받아 힘을 잃고 결국 뜨거운 태양 중심으로 떨어지고 말 것이다. 이것이 과학자들이 그리고 있는 지구의 마지막 모습이다. 물론

그전에 지구는 바다가 말라붙고 생명들은 멸종을 피할 수가 없다. 지구에서 멀리 있는 행성들에서도 온도가 올라가 얼음으로 이루어진 토성의 고리들은 모두 녹아서 사라져버릴 것이다.

78억 년 후 태양은 대폭발과 함께 자신의 외곽층을 **행성상 성운**의 형태로 날려보낼 것이다. 그런 다음 남은 태양의 뜨거운 중심핵은 지구 크기의 **백색왜성**이 되어 수십억 년에 걸쳐 천천히 식으면서 어두워져갈 것이다. 다비 후에 남은 유골과 다를 게 없다. 120억 년 전 원시구름에서 시작되었던 태양의 장대한 일생을 마감하는 것이다.

탈출한 태양의 외곽층이 만든 성운의 고리는 태양계를 둘러싸는 형상으로 퍼져나가 저 멀리 해왕성 궤도에까지 미치게 된다. 그때까지 만약 인류가 지구를 떠나 우주 어디엔가에 생존해 있다면, 태양 성운이 만든 아름다운 **고리 성운**을 보며 오래전 떠나온 고향을 그리워할는지도 모른다.

애초에 먼지에서 태어나 찬연한 빛을 뿌리며 살다가, 장엄하게 죽어 다시 먼지로 돌아가는 것. 이것이 모든 별의 일생이다.

시작이 있는 것은 모두 끝이 있다. 우주도 시작이 있었던 만큼 언젠가 끝을 맞을 것이다. 우리 인류 역시 그럴 것이다. 그러나 영겁처럼 장구하고 무한처럼 광막한 이 우주에서 우리는 지금 잠시 살아가고 있다. 지금 이 시간은 오랜 우주의 시간 중에서도 아주 특별한 시간일지도 모른다. 우주가 만들어낸 피조물인 인간이 비록 찰나이긴 하지만, 그 어머니 우주를 보고 느끼고 사색하고 있으니 말이다.

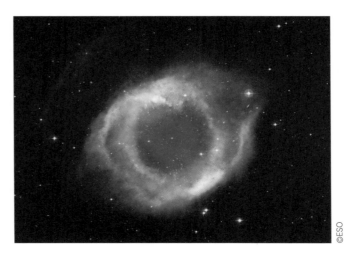

▲ 미리 보는 태양의 마지막 모습. 가운데 빛나는 별이 백색왜성이다. 사진은 물병자리에 위치한 태양에서 가장 가까운 행성상 성운인 나선성운(NGC 7293)이다. 눈동자를 닮아 신의 눈동자(Eye of God)라고도 불린다. 80억 년 후 태양의 모습이 바로 이럴 것이다.

일찍이 **스피노자**는 "우주는 신이다"라고 말했다. 그의 말대로라면 우리는 신 속에서 살고 있는 셈이다. **노자**老子의 **천지불인**天地不仁(천지는 사사로운 인정이 없어 자연 그대로 행할 뿐이라는 뜻)이란 말처럼 우주는 인간의 운명에 끝내 냉담할까? 그건 알 수가 없다.

어쨌든 찰나이고 티끌인 우리가 138억 년이라는 장구한 시간과 940억 광년이라는 광막한 공간을 버텨낼 수 있는 힘이 그래도 있다고 한다면, 그것은 아마 '사랑'이 아닐까? 그 밖에 다른 무엇이 있을 수 있을까?

그러므로 지금 여러분 옆에 있는, 머지않아 헤어질 사람들을 열렬히 사랑해야 할 것이다. '그'가 존재하지 않는다면 이 적막한 우주는 여러분에게 더욱 쓸쓸한 곳이 될 터이므로.

찾아보기

내 생애 처음 공부하는
두근두근 천문학

1판 1쇄 발행 2017년 8월 14일
1판 3쇄 발행 2021년 4월 2일

지은이 이광식

발행인 김기중
주간 신선영
편집 민성원, 정은미, 정진숙
마케팅 김신정, 최종일
경영지원 홍운선

펴낸곳 도서출판 더숲
주소 서울시 마포구 동교로 43-1 (04018)
전화 02-3141-8301~2
팩스 02-3141-8303
이메일 info@theforestbook.co.kr
페이스북·인스타그램 @theforestbook
출판신고 2009년 3월 30일 제2009-000062호

ⓒ 이광식, 2017. Printed in Seoul, Korea

ISBN 979-11-86900-30-7 03440